恩主公醫院
牙醫部主任
范綱信
著

陪你扛起生命的重量

到宅牙醫先行者范綱信醫師守護長照家庭的暖心紀實

方舟文化

獻給即將面對，以及正在長照旅途上的你

〔各界推薦〕

好的口腔照護，維持長者的吞嚥與自立能力

朱為民（臺中榮民總醫院家庭醫學科主任）

日本的在宅牙醫師和在宅口腔衛生師已經非常普遍。二〇二二年我在日本的市橋亮一醫師診所進修參訪的時候，跟著口腔衛生師合掌小姐出訪，看著她在一個中風的老伯伯家，幫他刷牙、潔牙、清潔口腔、做口腔按摩，測試吞嚥功能，最後，跟伯伯一起唱了日本老歌三遍作結束。這樣子的口腔照護，每週一次，一次一小時。這樣細膩的照護只有一個目的：維持長者的吞嚥與自立能力。目前，台灣的口腔衛生師還在發展中，在宅牙醫也不普遍，但是，因為有范醫師寫出這本書，我們看見希望，繼續努力向前。

江錫仁（中華民國牙醫師公會全國聯合會理事長）

對於到宅醫療，許多人可能還感覺陌生，但在未來可能與每個家庭息息相關，對於無法就醫的患者和照顧者非常重要，能進一步同理、關懷病人與家屬的身心，隨著超高齡社會來臨，更有迫切的需求。

牙醫全聯會推動到宅醫療服務已有十四年之久，范綱信主任從一開始就加入到宅醫療服務的行列，迄今照顧了近六百個家庭，連疫情期間也從未停歇。范主任長期無私的奉獻，贏得了病人和家屬的尊重與情誼。全人照護的目的也是到宅醫療的重點精神，范主任分享了書中有笑有淚的故事，期望到宅醫療能有更多人共同參與。

到宅醫療可說是范綱信主任永遠的使命，從本書可看出他強烈的服務熱誠。長期以來，牙醫師照護到宅醫療的患者實屬不易，需要大量和沉重的醫療設備，才能提供好的醫療服務。從醫療面來說，醫護如何走出診間、醫療儀器怎麼配合等，都是出診前必須克服的實務問題，每位個案也有不同的狀況。書中呈現了個案家庭的生命故事、居家照顧的經驗、患者家屬對醫師的感謝及期許等，希望大家看完都有滿滿的感動與收穫。

台灣牙醫界「特殊醫療服務貢獻」的勇士——范綱信醫師

林易超（花蓮拐杖牙醫）

承蒙范醫師對我的肯定與鼓勵，讓我也能有機會在他的這本新書略微發表我對他的認識。我必須老實說，我和他只有見過一兩次面，大部分的時間，我都是他FB粉專裡的一位小粉絲。我自己後來也加入「牙醫到宅服務」的行列，還是二〇一七到二〇二三年花東地區第一個、也是唯一一個做到宅服務的牙醫師。

當我看到他在FB分享每一個個案的時候，我就深深地折服於他的努力，認真而且專業的治療精神。雖然我不知道他從什麼時候投入到宅牙醫服務的工作，但是我知道他十分認真而且看重這一份醫院之外的工作！從他出發前的準備工作，行程當中尋找個案的家，和團隊成員的互動及溝通，甚至到了個案家裡立即著手進行精準有效率地鋪排所有器械……

人云：外行看熱鬧，內行看門道！我雖然不敢自詡有多專業，但是我在其他業內朋友的分享中發現；在西部地區不乏許多做到宅牙醫服務的人，但若是以正派、專業、愛心和服務熱忱來說，范醫師無愧於這條道路上的引路者！口碑和標竿至今都沒有人能夠超越……

我要藉此聊表我對范醫師的謝意，謝謝你立下了美好的榜樣，留下在台灣特殊身障牙醫治療的足跡！謝謝你也很樂意四處分享，推廣這些特殊身障牙醫治療的經驗和心得，來鼓勵後繼跟上的年輕醫師！

最後，我要說的是，我會繼續堅守在目前的偏鄉地區崗位上，做好我能做好的事情！希望自己也能夠像范醫師一樣，成為一座燈塔，照亮東台灣！吸引年輕的牙醫師學弟妹們願意來接下這神聖的一棒！

林書煒（POP Radio聯播網台長／主持人）

在高齡化社會中，「到宅牙醫」是許多行動不便患者的希望，而本書作者范綱信醫師正是這條路上的先行者。從二〇一一年毅然投入居家醫療服務，到成為台灣第一批專業的到宅牙醫，他用雙腳踏遍大街小巷，扛著沉重的醫療設備，走進無數需要幫助的家庭。

書中不僅記錄了他的醫療旅程，還細膩刻畫了病患的故事，特別是與一位退休將軍長達十年的醫病情誼，展現了醫療不僅是治療，更是責任與陪伴。

此外，書中還分享了許多失智患者、高齡者、身心障礙者及偏鄉居民的就醫困境，並提供實用的口腔照護知識，讓照顧者能更有效地協助家中長輩維持口腔健康。

這不只是一本醫療專書，更是一段溫暖動人的生命歷程，讓人深刻感受到醫療不只是技術，更是一種陪伴與承諾。推薦給所有關心高齡照護、長照醫療的讀者，透過本書，或許我們能一起為未來的長照體系開創更好的道路。

陳乃菁（陳乃菁診所院長）

身為失智及高齡照護醫師，我誠心感謝願意到病人家中看診的牙醫，說是病人的救星也不為過，因為有到宅牙醫，才能幫助因牙痛而進食困難的病人重新找回生命的樂趣。

病人們可能有無法出門到醫院的困難，也可能當醫師到家裡來看診時，心理上的恐懼讓他們難以張開嘴巴。但是到宅牙醫宛如有神奇魔法力量，用豐富的經驗和親切的態度化身為幫助病人的小天使。

當然，最好的方式不是在晚年依靠牙醫到宅看診，而是我們在晚年到來之前，就可以懂得正確的口腔照護知識及維持良好習慣。

希望生活在高齡化社會的我們，都可以開心地享受食物直到生命的最後一刻。

陳景寧（中華民國家庭照顧者關懷總會秘書長）

全台約有九十萬名失能、失智或身心障礙者，牙口不好會影響進食、營養與心情，甚至加重疾病或導致感染。但行動不便、認知混亂，出門看牙是奢望，還好有像范醫師這樣的先行者走入家庭，帶來希望與解方。書中一則則行醫故事，更親民地解釋了長照牙口保健或醫療問題，長輩、家屬、照服員、外籍看護都受用。范醫師也以極大同理心，描繪他所看到的家庭困境與照顧者壓力。感謝政府與牙醫師們努力發展「在宅牙醫服務」，期待有更多人受惠。

畢柳鶯（醫師，《斷食善終》作者）

隨著人口老化、無效醫療的氾濫，台灣有數十萬行動不便、智能損傷或插管臥床的長照人口，平均需要長照十年，造成家庭與社會龐大的壓力。有賴居家醫療單位提供到府的服務，

才能維持其基本的生活品質。口腔的健康是一切的根本（牙痛難捱，又妨礙了進食），閱讀這本書才知道到府替身心障礙人士做口腔的保健工作是多麼辛苦的工程。感謝行動菩薩們到府服務，本書分享許多引人深思的長照故事，並提供重要口腔保健的知識，感動推薦。

煮雪的人（詩人、作家）

牙，影響到進食、外觀，是人類生活品質與尊嚴的象徵；牙齒，可以看出一個文明是否健全、美好。「到宅牙醫先行者」范綱信醫師的一則則到宅案例，談論的除了是醫療，也是整個社會的願景與困境——看似光鮮亮麗的當代景象背後，我們該如何更全面地拓展醫療資源，以面對現在進行式的高齡社會？在故事氾濫、現實與虛構界線消弭的時代下，本書重新揭示出非虛構寫作（Non-fiction）的價值。

〔作者序〕

身為照顧者，你不孤單

二〇一一年，我踏上了一條艱辛、重要的道路，毅然決然投身「居家醫療服務」的行列中，成為當年極為少數的到宅牙醫師。

十四年前，台灣人口結構以中壯年為主，我們在居家醫療服務試辦期間，就從臨床診療過程中，不斷探詢高齡化社會可能衍生的醫療困境。雖然當時我才三十歲出頭，無法看透生命的重量和高齡照護的負擔，但我很慶幸當時選擇臨床長照工作，有機會陪伴數百位高齡者改善口腔狀態，更比同齡醫師提早體認了生命的苦痛和行醫的無價。

第一個到宅牙醫患者令我難忘，他是位榮譽退休的將軍，終生都奉獻給國家，對於當時尚未成熟的長照政策相當支持，也是台灣居家診療「試水溫」的病患。

第一次跟將軍見面，他就告訴我常年配戴的活動假牙實在不方便，希望我可以協助評估，看看他是否有機會進行植牙。雖然十餘年前的植牙手術還不像現在這麼普及，但將軍提前做了不少功課，很堅定地告訴我，即便植牙只夠他使用五年，也可以改善他的生活狀態。

那時就覺得將軍是位有遠見、與時俱進的老人家，他不但認真地瀏覽了不少衛教雜誌，對於牙科手術的想法也相當精準。我先在居家協助將軍做完洗牙，同時也轉介他到醫院完成了植牙手術。不知不覺，我們的醫病關係居然維繫了十年，我總是固定每隔三個月回到將軍家，檢查他的口腔狀態，聽他聊國家大事。年輕的我也在他身上學到了使命感和責任心，退休的將軍隨時關注著社會議題，將國家的希望交付在我們的肩上。

二〇一六年左右，台灣政府留意到高齡問題，開始積極推行居家醫療服務。我也從菜鳥到宅牙醫師蛻變為「到宅牙醫先行者」，持續扛著超過三十公斤的醫療設備，走進患者的居家空間，同時輔導、培訓新進的牙醫師。那時我每次到宅服務時，不見得都能與將軍坐下來多聊，然而他不以為意，反倒經常鼓勵我要堅持下去，多多幫助行動不便者和獨居老人。

幾次深入信義區巷弄地下室，為獨居老人清潔房間，騰出空位進行洗牙治療時，我總是在想，醫師的使命與動力來自何方，然後會想起每次與將軍的約診，將軍爽朗的鼓勵、對我的期許已深植內心，我彷彿也像是一個擁有老將軍靈魂的醫師，持續走著困難的路，不再躲在舒適的醫療院所中看診。我的臨床醫療就像一種「拓荒」，堅信身體力行完成每一次居家醫療服務後，能為台灣的長照開創更好的路徑。

當我嘗試把到宅牙醫服務遇到的故事寫下來，回顧與家屬們有過的互動，以及實際幫助臥床患者的辛酸與快樂，雖然走得很不容易，但我相信，我們這群到宅牙醫的先行者，已經為台灣臨床牙醫長照醫療打下了深厚基礎。

本書第一章簡單介紹了到宅牙醫的服務內容，第二章則是我到宅服務過的代表性案例，涵蓋了失智者、高齡者、身心障礙者、偏鄉患者和臨終患者。要特別說明的是，為了保護患者隱私，所有的人名和敏感資料都經過改寫。第三章則整理了照顧者最需要的牙齒照護資訊。希望透過這些案例的故事，能讓身為照顧者的你不再覺得孤單，心聲獲得共鳴，也能透過實用的衛教資訊，在照顧上更得心應手。後記則是我對台灣長照醫療的遠景，這條路雖然漫長，但我相信，有了更多同伴，前景將會無限光明！

Chapter 1

什麼是「到宅牙醫」？

Chapter 2

患者給我的生命啟示

目錄 Contents

Chapter 3 照顧者的口腔照護必修課

目錄 Contents

Chapter 1

什麼是「到宅牙醫」？

出門看牙醫，
不是每個人都做得到的事。
到宅牙醫的出現，
讓行動不便的患者
在熟悉的居家空間接受專業診療，
享有更好的口腔健康和生活品質。

中風癱瘓的張爺爺，上次在診所洗牙已是好幾年前，今天是第一次體驗在家裡洗牙。家屬事前提醒我們，聽到有牙醫師要來幫他看牙，張爺爺很緊張。抵達張爺爺家後，我刻意放慢了整裝速度，蹲在患者的躺椅旁自我介紹，但張爺爺可能聽力衰退，幾乎沒有多跟我說話。

治療一開始就不大順利，張爺爺努力想要配合張口，但因為腦中風，右側身體不受控，嘴巴仍舊緊閉著，沒辦法讓我們看到後牙處。考量到張爺爺很久沒有檢查牙齒了，我不想直接使用張口器，嘗試用手指撐起他右側的嘴唇，再用頭燈迅速檢視後牙的保養情形。但是，還沒等我看完上下顎臼齒，肌肉慣性就讓他用力關上嘴巴，瞬間的咬合力當下劃破我的指尖，血滲透手套。我只好暫時停下診療，進行緊急的止血和包紮，再戴上新手套接續治療。

發生意外後，我第一時間是馬上跟張爺爺說不好意思，有可能弄髒了看診環境。然而，三十分鐘後療程一結束，他突然奮力起身，一邊鞠躬，一邊艱難地說出：「醫師，對不起，咬到你了，很感謝你。」即使張爺爺咬字不清，現場的我們和家屬看到這個情景，還是忍不住深受感動。

聽家屬說，張爺爺自從中風後，幾乎就不曾講過話了。可能是身體復健所帶來的不適，他的心情變得特別鬱悶，所以家屬很感激我們願意抵達他們的家，讓張爺爺感受到醫療人員的關懷。

對我來說，這些外傷微不足道，只要能夠幫助到患者，就會讓我們這些到宅牙醫有動力繼續走下去。

到宅牙醫注重全人治療、醫病共享決策

到宅牙醫的制度，主要是為了改善行動不便、失去行為能力者的口腔健康，只要患者在清醒時有超過五〇％的活動限制在床上或椅子上，具備重度與極重度身心障礙手冊或符合長照二．〇資格的失能長輩，都可以申請到宅牙醫（詳細申請管道請參考附錄）。

不同於醫療機構或診所強調的高效療程，到宅牙醫屬於階段式治療，更著重「全人治療」，理解患者的全身心狀態，發揮醫病共享決策的精神，與家屬共同擬定最適合患者的診療。

也因此，到宅牙醫團隊的拜訪往往也是「漸進式」的，以大台北地區到宅牙醫服務來說，每星期都會由新北市社福團體的社工人員提供具體的患者名冊給醫療院所，再由醫院的「個管師」（個案管理師）幫忙聯繫患者家屬。我通常會在前一至兩週收到患者的資料，同步了解目前家庭中誰負責擔任主要照顧者、患者有哪些慢性疾病、就診和用藥紀錄，安排好當日拜訪行程後，個管師會重新與家屬取得聯繫，確認到宅牙醫預計到府的時間與預計要完成的事項。

到宅牙醫服務的對象多為重度與極重度身心障礙、臥床或行動不便的高齡者，通常「病識感」較為薄弱，且對於不熟悉的環境、陌生人，需要更長的適應時間，因此，我們通常不會在第一次拜訪就直接進行治療，而會分成以下兩階段進行：

1 初期訪視：到宅牙醫與社福單位人員、醫院居家護理師或個管師合作，到府認識和接觸患者，從中了解主要照顧者的日常照顧方式，主要會進行比較深入的訪談，釐清患者比較急迫的口腔療程需求。

可能有些人會覺得很麻煩，好不容易約上了，牙醫師也在現場，為什麼不能直接開始治療？其實，我們相當重視第一次訪視，由於等待到宅牙醫服務的患者眾多，我們停留的時間很有限，只有在第一次訪視時有機會提供照顧上的建議，甚至協助主要照顧者，提前準備好患者看診所需的輔助工具。若主要照顧者為外籍看護，我們依舊會建議初期訪視時，家中至少要有一名親屬陪同，幫助醫師團隊更詳細了解患者的狀況，讓我們能有效評估客製化的臨床診療。若有緊急情況，例如牙齒搖晃得非常嚴重，牙齒有可能會吞到肺部氣管中，造成嚴重的後果，有時候我們會在評估的當下就做治療，幫患者拔除搖晃的牙齒。

2 臨床服務：有了第一次拜訪，患者和照顧者多少會對主治醫師有印象，我們會盡快安排第二次到府臨床治療，治療項目也會因患者口腔狀況與身心狀況分成不同階段，但一定會有的項目是：安排洗牙、齲齒填補，清除患者口腔的牙結石，先解決患者的疼痛與不適，讓他們能夠擁有更好的生活品質，也避免牙菌斑堆積，造成牙周病變，甚至讓細菌有機會從口腔蔓延到身體其他器官。

根據我的經驗，申請到宅牙醫服務的家庭，大概每五位就有一位患者口腔中有鬆動的牙齒。很多人會好奇：「可以在家裡做拔牙手術嗎？」答案是「不一定」。

除了牙齒晃動程度過大，在安全條件下可直接移除，剩餘的拔牙手術都需要更謹慎的評估，主要的考量因素有以下兩個：

1 **麻醉安全性：**拔牙前經常要進行「局部麻醉」，多數牙醫師使用的注射藥劑為利多卡因（Lidocaine）和卡波卡因（Mepivacaine），以微量、批次方式注射於牙齦皮下，雖然劑量輕微，安全度高，不過考量到宅牙醫的患者多為臥床、身體孱弱的朋友，我會建議家屬能先提供近三個月的用藥紀錄與血檢報告，確認其肝功能和腎功能狀況，針對關節炎患者，也要特別留意拔牙前是否有關節炎復發的情況，確認無虞後，可能會安排下回再次拜訪時進行拔牙。

2 **其他慢性疾病：**如高血壓、心臟病、糖尿病、骨質疏鬆等全身系統性疾病患者，到宅牙醫團隊會需要較為完整的藥物使用紀錄，有可能無法當下進行拔牙手術。記得二〇一九年的雨季，我原本要跟助理上山拜訪烏來一位臥床的陳奶奶，為她拔除下方已經明顯有牙周病的牙齒，然而家屬平時過於繁忙，忘記準備陳奶奶的處方箋明細。我們緊急聯繫陳奶奶的內科主治醫師，等主治醫師確認沒問題後，我們才正式開始拔牙。

目前全台灣共有一百八十五位登記服務的到宅牙醫，透過到宅牙醫的服務，像是洗牙、「調整活動假牙」治療，可以大幅度避免因口腔環境不夠理想而衍生出更多的疾病，而臥床患者最需要的「關懷、傾聽」，也能透過這個服務逐步提升患者的居家生活品質。

跨科協同治療，減輕長照家庭負擔

透過到宅牙醫團隊的進駐和定期訪視，醫師可以掌握患者的口腔狀況，定期協助洗牙，長輩更能在較放鬆的情況下，讓醫師了解平時的照護狀況和需求，避免因嚴重牙周病提高拔牙的風險，也讓每一位行動不便的患者享有更好的生活品質。

二〇一二年是令我印象深刻的一年，我第一次接觸到腦中風的患者，個管師叫他凱明兄。凱明兄曾擔任新北市板橋區知名建案的工地主任，即使中風了，仍看得出他年輕時魁梧高大的體格。他一直都有高血壓病史，腦中風後左側出現比較嚴重的癱瘓現象，沒有機會再自主外出。

為了更了解患者可能需要的口腔醫療，初訪過程我將更多時間留下來，想透過凱明兄的夫人更認識他。這才知道，他有二十年的吸菸史，並且有將近十年嚼檳榔的習慣，雖然前幾年就戒掉嚼食檳榔，下顎牙齒也已經脫落六顆，家屬仍詢問我是否能另外幫他做牙齒美白。他們對於口腔臨床治療沒有太深入的概念，只是拉著我的手說：「我先生愛美，牙齒黑黑的不好看。」

不過，到宅牙醫服務核心療程放在預防型治療和功能型療程，我詳細說明了這次拜訪的用意：「太太，這次過來是因為知道凱明兄好一陣子沒檢查牙齒了，初步先做全口洗牙，我會特別注意一下牙齦、牙周組織是否有潰瘍和發炎感染的問題。臨床牙醫是進階式治療，我們首要考慮的是改善患者的咬合狀況，確保凱明兄在中風康復過程不會再因為牙齒不舒服，影響到生活和心情。」太太感激地說：「謝謝范醫師，過去從來沒有醫師會這樣詳細分析診斷原則給我聽，一切都按照您們專業的來吧！」

凱明兄因為左側癱瘓，左臉上下顎長期處在過度用力咬合的狀態下，再加上本身後牙缺損，後排牙齦已經呈現潰爛的狀態。雖然他沒辦法順利表達，但我從他的神情中，可以察覺他平時正在忍受口腔潰瘍的痛苦。當下我先用口腔凝膠簡單塗抹他的嘴唇，以臨床牙醫專用「張口器」撐開他緊咬的嘴巴，先洗牙後，另外將後牙表面修到平順圓滑，以緩解用力咬合下再次咬傷牙齦以及磨破舌頭的風險。完成必要的診療後，我另外安排物理治療師進行居家醫療服務，在病歷表上詳細說明患者的咬合吞嚥問題，讓物理治療師可以接續開始顏面肌肉的復健。物理治療師當天也和我通電話，表示會請同科的「語言治療師」協同治療。

歷時一年追蹤，患者的左側口腔肌群已經沒有像之前那樣緊繃，語言能力雖然沒有完全恢復，但已經可以清楚講出單詞，生活品質有顯著改善。更重要的是，過程除了三個月回診和領藥外，透過跨科別協同治療，凱明兄不用出門就完成了治療。

對於這類病例，單一科別醫師並沒有辦法針對全身系統性健康狀況做出關鍵性診斷，但透過居家醫療建構的跨科別協同治療，家屬能大幅減少掛號與等候的時間，長照患者也能在更安全、更舒適的居家空間接受治療，醫師在拜訪長照家庭的同時，也能根據實際居家情況給予更明確的照顧建議。

十餘年前，台灣的居家醫療政策還不夠健全，我毅然決然踏入「到宅牙醫」的行列，給予長照家庭新的就診方式與更友善的條件，許多患者就像上述提及的凱明兄，從口腔醫療開始，進一步得到更全面的幫助。

除了讓患者在不出門、熟悉的居家環境中完成必要診療，我們也重視互動和溝通環節，更全面掌握長輩平時的吞嚥狀態，即時進行轉介治療，給予更多照護上的協助，幫助家屬和主要照顧者減緩照顧的壓力。身為到宅牙醫先行者，我想鼓勵正在閱讀這本書的朋友，不管是自身或者家中有符合到宅牙醫申請條件的患者，都可以開始進行申請流程，若等到口腔出現明顯的疼痛，才急著尋求專業的長照醫療資源，可能會緩不濟急。

到宅牙醫設備器材大揭密

作為一位合格的到宅牙醫師，除了要完成專業受訓和跟診以外，良好體力更是必備條件。這是因為居家牙醫臨床治療設備整體重量就超過三十公斤，而且需要配合患者的居住空間，在沒有電梯的情況下，牙醫師必須扛著沉重的器材，爬不同樓層的舊式公寓樓梯；再加上一天可能需要進行四到五個服務，有看診的時間壓力，負重爬高樓就成為必備的技能。

「為什麼到宅牙醫設備這麼重？究竟包含了哪些儀器？」目前我們使用的是移動式診療檯，複合吸唾功能、空壓機、儲水設備和移動式抽吸設備，能夠進一步確保患者居家也享有醫療院所的治療品質。

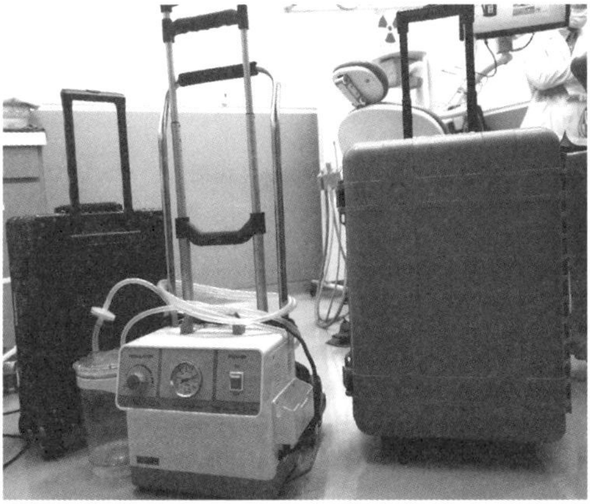

↑ 到宅牙醫每次出診都要帶的設備

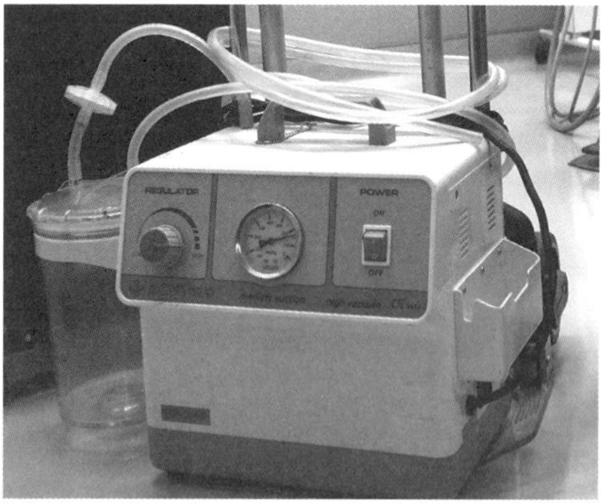

↑ 吸唾機，左邊有儲水瓶

↑ 移動式診療檯：包含空壓機和抽風設備

↑ 專用高速牙科手機

除此之外，到宅牙醫團隊前進患者居家空間，感染控制的裝備也不可少，包含了：全套防護裝備、手套、口罩、防護鏡與鞋套，加強保護行動不便、免疫功能較低的長輩，能夠更安全地接受居家的臨床牙醫治療。在團隊完成治療後，我們會將所有儀器和防護裝自行收納帶走，不額外增加家屬的清潔負擔。

目前台灣的到宅牙醫服務資源有限，對於居家醫療所需的移動式診療設施和裝備，我

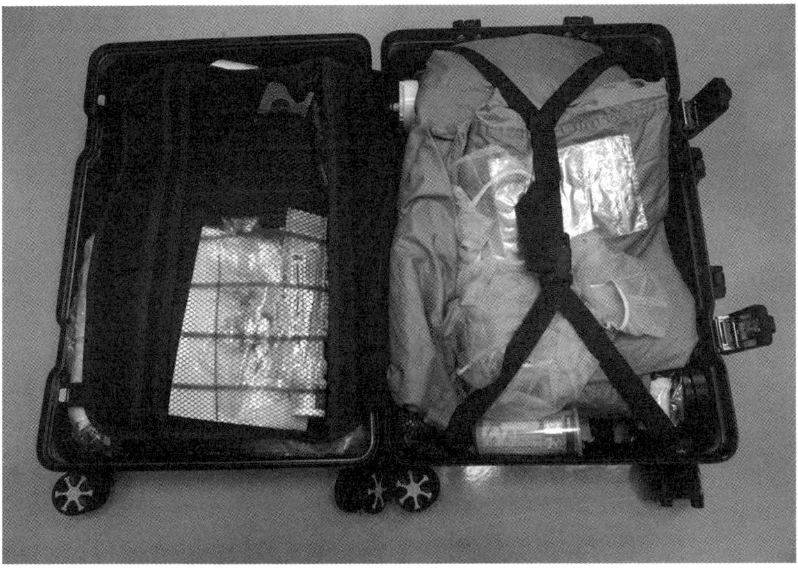

↑ 左邊是拔牙鉗、包含口鏡、一般牙科探針和鑷子等備品，右邊是一次性手術服、手術帽、鞋套和橡膠手套

們仍力求能進行年度升級和翻新。而一次診療的醫療團隊人員約為三～四人，包含醫師、跟診學習的醫師、助理和護理師。由於台灣住宅區多半為小巷弄，常會發生醫師將設備卸下車子時，遭民眾檢舉臨停的狀況。因此我與新北市政府持續溝通，目前凡是到宅牙醫執勤期間，會另外在公務車上準備「到宅牙醫小車牌」，請道路使用者包涵體諒。也期待未來台灣的到宅牙醫設備和流程能更加完善，大家有更深刻的居家醫療臨床服務意識與觀念，讓我們的醫療服務能夠更永續。

到宅牙醫師不只要耐熱，還要用各種姿勢看診

二〇二二年五月，台灣的新冠肺炎疫情正值白熱化，政府宣布進入第三級警戒。我們接到大量電話，患者的家屬很緊張，不知道等待許久的到宅牙醫服務，是否會因疫情再度延後。

行動不便的高齡者和身心障礙的朋友，本身的免疫功能本來就比較差，這時候如果又出現口腔不適，的確會格外焦慮。基於這樣的理解，也知道臨床治療刻不容緩，因此疫情爆發後，我們召開了多次會議，最後決議不耽誤到宅牙醫的工作。

新北市政府特別提供完整的防護裝備，讓我們這群到宅牙醫穿著俗稱「兔寶寶裝」的連身型防護裝，照常穿梭在大街小巷，為行動不便的患者進行臨床牙醫治療。

到宅牙醫，可說是愛心與體力的長期抗戰，每位到宅牙醫師都必須培養出基本功夫：能在各種環境下完成任務、承受炎熱和身體的疲憊。每年初夏的服務，對於到宅牙醫來說絕對是一場耐力賽，除了有行程時間上的壓力，還要扛著超過三十公斤的器材移動。若當天的患者都住在老舊公寓，一天下來我可能累計要爬二十到三十層樓。逼人的熱氣，讓我經常在進入患者住家門口前得先擦去全身的汗水。

為了做到更嚴密的管控，進入三級警戒後，我的第一場到宅牙醫服務，就換上防護全裝，光是在烈日下走五分鐘，就已經大汗淋漓。幸好十幾年的臨床經驗，讓我可以在炎熱下保持冷靜、頭腦清醒，仔細了解患者的身體狀況。

有一次進到患者家裡，空間很小，幾乎沒有辦法放置我們的設備，各個角落也都很雜亂。我們在開始進行一般牙科治療前，先協助簡單打掃，好不容易騰出的位置，也只足夠放吸唾機。

為了避免讓患者和家屬等待過久，我隨即決定就地開始治療，讓患者躺在床墊上，自己則以半蹲姿勢開始協助洗牙。這樣的看診方式，非常考驗醫師大腿、臀部肌肉的耐力，更考驗手眼的協調，全程需要非常穩定地使用儀器，讓患者盡可能享有最舒適的看診體驗。在治療另一位腦中風的患者時，除了要蹲下來治療以外，也因為患者顳顎關節障礙影響到肩膀和後頸，沒辦法順利將頭後仰，所以我在治療過程得靈活地墊腳尖，確保完整看到患者全口的狀態，不漏掉可能出現的牙周感染復發問題，簡直是一種「極限」運動。

到宅牙醫需要非常大的彈性和應變能力，首先要面對的「殘酷」現況是：沒有任何一個家庭會出現診療椅。我們只能透過改變姿勢，才能看清楚患者的全口狀態。另外，也要克服自己在診間的習慣，即便會帶著完整的移動式診療器具，但不一定會有合適的檯面可以放置，只能隨機應變，找出適合個別家庭的臨床治療方式。

每星期我都要完成固定的到宅牙醫診次，因為長年以各種姿勢看診，幾乎每個月都需要安排復健，控制我肩頸的舊傷。然而，我從未曾後悔走在到宅牙醫的路上，也深知有許多正處在黃金治療階段的患者，不該耽誤他們恢復口腔健康的機會。

長照二．〇從二〇一七年開始推動，政策仍有很多進步的空間，醫療整合的速度還需要加快。現階段到宅牙醫服務的醫療量能依舊相當缺乏，一個家庭從申請居家醫療到醫師看診，有可能會等待超過三個月。我們會盡量維持全年無休的模式，陪伴每個有需求的家庭，不過，還是建議符合申請資格的家庭盡早申請，別讓自己或家人錯失醫療資源。

牙齒出狀況，身體跟著拉警報

長期與患者和家屬互動，我深刻體認到，除了診療以外，更重要的是要讓大家建立良好的口腔保健意識。畢竟，持續維持口腔乾淨和健康，經常變成照護過程中的死穴，一來初期牙周病並沒有明顯病徵，二來就算牙痛起來要人命，許多長輩還是有「能忍就忍」的想法，等到照顧者察覺長輩可能有口腔問題，通常都已經惡化成較嚴重的牙周病變，治療方式更加繁複、所需時間也會更久，更加深長輩對於看牙的恐懼和排斥。

台灣人的牙周病盛行率高達八〇％，每五個人就有四個人有牙周病。而牙周病不只會影響到口腔健康，也跟大腦健康有關。日本失智症權威醫師長谷川嘉哉指出，牙周病菌所製造的毒素會使牙齦發炎，而發炎物質「細胞激素」流入血液，會經由血液進入大腦，讓「β類澱粉蛋白」增加，壓迫到大腦內掌管記憶的「海馬迴」，記憶力因此日漸降低。罹患牙周病會使「β類澱粉蛋白」累積在大腦，增加阿茲海默症的風險。沒有控制好牙周病的患者，得到失智症的比例幾乎是正常人的兩倍。

根據衛福部統計，台灣失智症人口總數已經超過三十萬。六十五歲以上的人，約每十二位會有一位出現認知功能障礙，而八十歲以上的長輩罹患失智症的比例更高達二〇％，預估二〇三〇年以後，失智症人口數會攀升至四十五萬人，對於整體長照醫療可說是嚴峻的考驗。

口腔健康與失智症息息相關。二〇一九年，日本東北大學研究指出，腦部健康、未出現認知功能衰退症候群的七十五歲高齡者中，口腔內平均仍有十四．九顆健康的牙齒，而罹患失智症的患者，口腔內只剩下不到十顆健康牙。從這些數據中不難發現，口腔健康維持得宜，在高齡後仍保有良好的飲食品質，是延緩失智症的關鍵。

一旦罹患牙周病，也會影響全身健康。研究顯示，慢性牙周病釋放的炎性因子可能進入血液循環，並與心血管疾病、糖尿病控制不良及慢性呼吸道疾病密切相關。日本醫學博士西田亙在《斷開糖尿病，從好好刷牙開始》中也提到：牙周病和糖尿病彼此會造成惡性循環。當牙齒周圍發炎所產生的壞荷爾蒙透過血管進入體內，就會導致血糖值上升而引發糖尿病，而血糖值上升讓免疫力下降後，又會讓牙周病菌持續增殖。

口腔健康，是幸福晚年的必備條件

一個人的衛生習慣好不好、是否有不良嗜好，牙醫師只要觀察口腔黏膜、牙周健康程度就能馬上察覺，而有些全身系統性疾病的病徵，也會直接反映在口腔病變中：黏膜異常受損很可能跟癌細胞病變有關、舌頭腫脹可能和神經系統有關、嚴重牙周病復發的患者，有可能出現潛在的血糖過高問題。此時，牙醫師可以成為第一個健康把關守衛者，當我們在診間發現異常病徵，隨即能將患者轉介到適合的科別追蹤。

在口腔醫學的長照範疇中，最重要的是「口腔機能促進」。日本高齡者口腔醫學與保健工作發展極早，二〇一九年，日本八十歲以上人口，有五三％左右的民眾口腔內仍保有超過二十顆健康牙齒。然而，根據衛福部的國民健康口腔調查，台灣六十五歲以上國人平均僅存十七．九顆牙齒，到了八十歲後，只剩四成民眾仍能擁有二十顆自然牙齒。最早邁入超高齡社會的日本，在落實長照政策的前端工作，就專注於牙醫師的功能，針對高齡者的吞嚥評估與功能重建，早期牙醫師的介入治療比重為八〇％。

腦部的杏仁核（Amygdala）是主掌情緒的部位，當我們享用不同美食、擁有豐富的社交生活，便能促進杏仁核活化，產生幸福感，預防高齡憂鬱症。若是已經臥床或行動不便無法看牙，藉由居家牙醫醫療的幫助，也能改善情緒和身體狀況。

口腔機能維持得宜，也能有效延緩認知功能的衰退。當長照患者有健康的牙齒，就更有機會透過進食行為，訓練口腔肌群，刺激腦神經，長期下來能夠預防老化帶來的系統性疾病。

「膝蓋好，走得遠；牙齒好，活得老」，在口腔臨床醫學從業超過二十年、致力推動長照醫療政策與服務，我經常用上面這句話總結口腔健康的重要性。好牙口帶來好食欲，而好食欲是營養均衡的先決條件，營養攝取均衡，更能提升生活品質。當你打開這本書，就是給失能的長輩、給老年的自己，一個延續健康的機會。

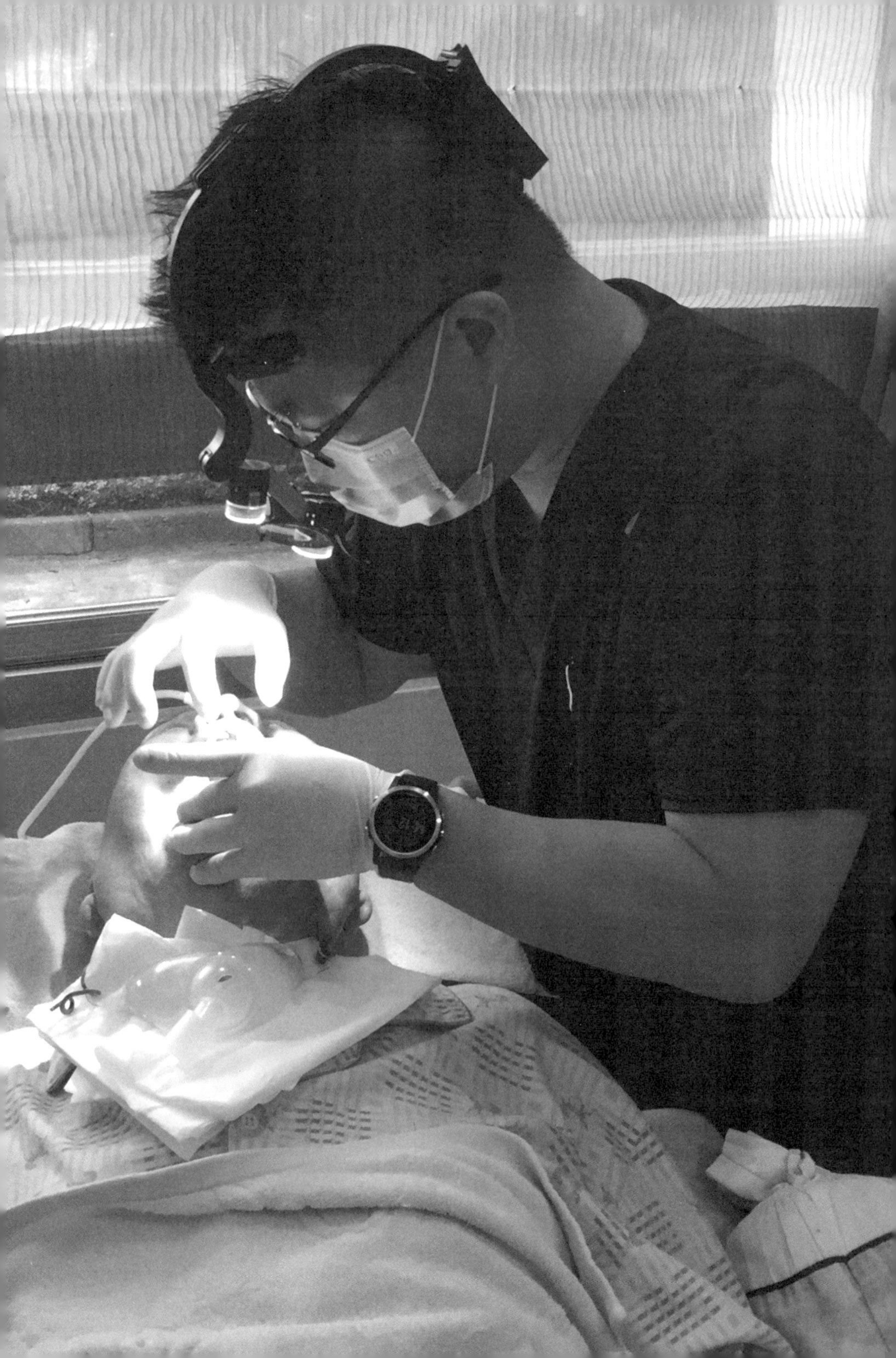

Chapter 2

患者給我的生命啟示

到宅牙醫旅途上，
與高齡者、失智症患者、
身心障礙者和照顧者的第一線接觸，
讓我感受到無數的溫暖和善意，
也讓我從更寬廣的視角看待有限的生命。

1 即使認知退化了，還是有感知能力

每一年的春天，新北市社福單位社工人員會協助申請獨居老人的到宅牙醫服務。對我來說，這整個月份，要接觸新的患者和照顧者，向來是一個大考驗，除了要確保在最有效率的情況下完成必要治療，還有責任要重新建立照護的衛教意識。

社福團隊為獨自生活在新北市淡水的徐奶奶申請到宅牙醫服務時，也聯繫了她在外縣市的孩子，請他們在第一次訪視時回到家中，共同了解我們的治療和媽媽日常的口腔清潔習慣。

「為什麼要安排居家醫療呢？我媽媽目前只有輕微失智，平時也不大會出門，假牙只有吃飯會配戴，應該不需要特別調整吧？」

在外縣市工作的孩子，對長照醫療的衛教意識不熟悉，初次與我們團隊聯繫時，顯得有些不耐煩，但基於孝心和責任，最終還是願意回老家淡水，一起了解徐奶奶的口腔情況。

徐奶奶雖然有輕度的認知功能退化，但家裡還是收拾得整齊乾淨，也願意配合張口，讓我詳細檢查。

真正走進失智獨居老人的居所，我才知道一位不擅表達的患者，在日常生活中會因為口腔不適而經歷多少折磨。

自從認知功能衰退、無法獨自出門後，徐奶奶有超過五年未曾看牙。她只剩下幾顆牙齒，全靠活動式假牙才能勉強咀嚼食物。然而我觀察到，她的口腔內有多處刮傷破皮的情況，也有許多舊傷口早已經變成潰瘍，這是「活動式假牙」已經鬆脫、失去密合度、金屬鉤刮嘴的典型現象，每咀嚼一下，金屬鉤環都會扎進牙肉上。以徐奶奶口腔的傷口判斷，她平時很可能都在忍痛。

傳統活動式假牙的製作，需要當下根據患者的口腔型態進行印模，取得專屬的個人牙托模型後，設計出活動假牙金屬支架，並以金屬支架試戴上下顎牙齒對咬的咬合關係，最後才能將單顎牙齒排好，把正式活動假牙提供給患者。也因此，患者使用的活動假牙，其實是符合製作當下的口腔型態，隨著逐年的生理性齒槽骨地基萎縮、細菌侵蝕造成的牙周流失，需要重新找醫師分析咬合狀況，將活動假牙修復，避免刮傷患者的牙齦、破壞黏膜組織而引發疼痛。多數人初次配戴活動式假牙，若沒有掌握術後的活動假牙維護和定期回診觀念，使用活動假牙一段時間後，很可能會覺得活動式假牙容易鬆動、異物感越來越強烈，漸漸開始抗拒配戴活動假牙。

認知功能退化導致的認知障礙症，會讓高齡者記憶力變差、性格產生變化，甚至因時序錯亂等，出現部分意識不清的譫妄（Delirium）狀況，日常生活的打理，很可能漸漸都需要照顧者協助。而照顧者往往也因為

Dr. Fan｜醫｜療｜筆｜記｜

失智症要盡早預防

目前的醫學研究，尚未有成功對抗失智症的藥物治療方式。臨床數據顯示，約三分之一的失智症患者有家族病史，若家族中有失智症患者，罹患失智症的機率也會比一般人高。建議一旦有家人出現早期認知功能衰退，除了加強復健、嘗試健腦運動外，也可以在初期階段共同討論和擬定出適合的照護方式，避免失智症惡化速度太快，來不及做心理建設和必要的照護準備。

認知障礙症的病理特徵，忽視了患者雖然在認知功能上衰退，依舊有「情感層面的需求」：進入中度認知障礙症進程，患者面對更為生疏的日常，會產生更大的力不從心與焦慮感。再加上表達能力可能也大不如前，有苦難言的狀況相當常見，照顧者和家屬都應該多加關照，別讓照護流於生活打理等形式。

她只是認知退化、變得比較健忘，容易緊張，不代表她喪失了感知能力。這次的到宅牙醫臨床治療，我們重新調整徐奶奶的活動式假牙，也藉此機會將這個重要的觀念帶給家屬，希望家人在照護失智症的長輩時，別忘了體貼他們的心情。

2 盡孝的重量

二〇一二年十月，有個儀表堂堂的中年男子出現在我的診間，他並非自己牙齒不舒服，而是不曉得如何與我接觸，只好在我看診時掛號，想談談自己母親的狀況。

「兩年前媽媽開始有失智症狀，現在已經通過巴氏量表測試，符合申請照服員資格。但這兩年為了想聘請專業人士照顧她的日常起居，差點就要鬧家庭革命了，我自己也沒有專業背景，很怕媽媽的健康會迅速惡化。」他聽說我已經開始接手居家醫療，想了解更多細節。我先是說明口腔健康跟失智症的關聯性，同時也提供申請表單給他。

很幸運的是，隔月我們就順利安排居家醫療。準備出發前往患者住家時，我才留意到，印象中穿戴整齊、看起來物質條件不錯的兒子，居然是跟母親住在舊公寓頂樓加蓋的空間，即便是十月初，天氣仍然炎熱，他們也只開著老舊電扇吹著熱風。室內的中間做了簡易的隔間，讓這對母子各自有些許的獨立空間。

「我哪裡需要什麼到宅牙醫？你們趕快走！偉明他太多事了，我的身體不用任何人管。」也許是感到炎熱，失智症媽媽以雜誌代替扇子，看到我們時異常抗拒，盡全力伸開手揮舞雜誌，不讓我靠近。在我的專業受訓過程中，此時不應該強行治療，我選擇蹲在門口走道，先整頓好洗牙儀器，並順勢蹲在地上，想慢慢開導患者。

從廚房走出的兒子，拿了礦泉水想給我們喝，但看到客廳的景象，突然失控地飆罵。

「媽媽，你是做什麼？我到處打聽、特別到醫院請來醫生，人家也是專門安排到宅牙醫服務，怎麼可以這麼不珍惜？」

「我就是苦命，辛苦把你栽培大，現在我老了，你直接讓外人走進家裡，踐踏我的生活環境，你是想拋棄我嗎？」

就這樣，只是容納基本的餐桌、餐椅、沙發就已經快要沒有空間的小小起居室，充斥著母子的咆哮聲。當下我能做的就只是在旁等待，作為居家醫療團隊，不能在這時候有立場或偏見，也無需挺身說教和指責，即便兩個人說話都很難聽，仔細端詳他們的神情，我看到的只是一個心碎的兒子、一個害怕失去的母親。

爭吵中斷於老母親間歇的放空，她略顯疲憊、姿態看上去像個放棄戰鬥的戰士，癱坐在沙發上讓我們檢查全口健康。所幸她的下顎牙齒還很完整，上顎的活動假牙裝置也維護得宜，我在洗牙後拍拍焦躁的兒子。

「你把媽媽照顧得很好，沒有什麼結石，洗牙後可能一到二天會有一點血絲，不必過度緊張。」

聽完這席話，眼前這位年紀比我稍長的中年人低下頭，迅速將我拉到廚房，還沒說話前就先掉下眼淚。

「范醫師，真的很不好意思，剛才讓你等這麼久，之前去醫院找你時，母親明明已經同意要接受到宅牙醫服務，我實在不知道她為什麼變得反覆無常。」

「沒關係，至少現在能安心了，媽媽的牙齒是健康的，這對營養攝取與吸收都很有幫助。」

「我是媽媽唯一的孩子，小時候就單親，我的人生都繞著她轉，本以為有能力後，可以把一切都給她，讓她享有美好的晚年。但是，兩年前失智症非常突然地擋在我們中間，我才體認到，原來盡孝是這麼沉重的事情。」

高齡者的身體條件與病症變化都很大，認知障礙更沒有明確的時序和脈絡，負責照護的子女經常會感到措手不及。一旦失智症的病程失控，子女漸漸無法與長輩溝通，就會直接衝擊到原本的互動和親密關係。

孝順並不代表凡事都要親力親為，建議子女在照護前期，就先認知自己擅長與不擅長的事情，尋求適合的長照醫療資源，並盡力與父母好好溝通，避免因照護問題引發不必要的爭執。

3 媽媽的遺願

二〇一六年的歲末，范小姐預約我的看診時間，坐下後隨即就開口詢問。

「范醫師，你可以幫我做一副全口活動式假牙嗎？就用我的牙齒當模型，做一組上下顎同樣尺寸的牙齒就好了。」

「但是你目前沒有這個需求呀？」

「不，我真的有這個需要，而且我希望越快拿到假牙越好。」

以專業的臨床角度針對這樣的訴求，我們贗復假牙（牙醫專科之一，俗稱的做假牙）醫師是無法達成的，原因顯而易見。畢竟臨床治療著重在客製化療程，眼前的范小姐並沒有裝戴全口活動式假牙的需要，因此很難為她製作口腔裝置。我可以理解她想要代替家人看診，把全口活動假牙直接帶回家給真正有需要的家人配戴。但即便有親屬關係，每個人的骨骼發展與口腔型態還是獨一無二的。直接將范小姐印模後的假牙裝在其他親人身上，不見得吻合對方的口腔狀況，況且范小姐口內也還有很多牙齒，也因此當下我有點為難，沒辦法馬上給她肯定的答覆。

靜默的診療室讓范小姐掉下眼淚，見我不開口說話，她含著淚講出實情：「醫師，這是要給我媽媽的，她的臉型跟我很接近，但她現在沒有辦法到場，已經在安寧病房了，醫院剛發病危通知給我。」

「情況這麼危急呀？那你現在跑到牙醫診間來，媽媽有人照顧嗎？」

「她現在彌留了，住院醫生說可能這一週隨時會走，范醫師，我想給媽媽最後一份禮物，就是讓她嘴巴有牙齒，體面地離開。」

我在從醫超過二十年的過程中，半數時間都在提供中高齡長輩更好的咬合治療方案，但二〇一七年是生平第一次，為臨終老人準備一副專屬的全口活動假牙。

印模的過程是熟悉的，但我看診的心情卻相當陌生。范小姐張著嘴躺在診療椅上，診療檯的燈光映著她充滿感激的神態。為了不讓這位體貼的女兒感到焦慮，在確認石膏模都沒有疑慮後，我特別交代技工所要以急件處理，無論如何都要在一週內完成全口活動假牙。助理很擔心地問我：「醫師，這樣真的可行嗎？前面還有病患在排活動假牙，技工所會大塞車。」

「我們現在做的事，不僅是幫助一個人重新擁有牙齒，也是在奉行自己的專業和本分，給臨終病人一份叫做尊嚴的禮物，生命不會通融我們慢慢製作假牙的。」從我們這裡親自交付的全口活動假牙，是范媽媽人生中最後一副牙齒，也是她生命盡頭最後一個遺願。

一星期後，我如期請范小姐到醫院領回假牙，看到假牙的瞬間，這位孝順的女兒已經紅了眼眶。我請她躺在診療椅上，稍微比對一下整體齒列的狀態，並叮囑配戴的注意事項，也告訴她：「雖然媽媽在彌留階段，不一定會有口腔異物感，但我希望你們每天固定讓她配戴活動假牙，睡覺時再拿下來。只要戴著假牙，就必須按照活動假牙清潔方式，為媽媽維持全口活動假牙的乾淨和品質。」見她困惑地看著我，似乎沒有很明白我背後的用意，「既然我們想要完成媽媽的遺願，哪怕她剩下幾天或幾小時清醒的時刻，我都希望她感受到真的擁有一副可以使用的全口活動假牙，而非只是陪葬的道具。」

基於醫師的人道關懷，我願意陪伴每位長輩到生命的最後一刻，但這樣的關心，無形中也給了家屬內心的慰藉。隔年農曆年前，我從醫院的收發室拿到一個掛號包裹，裡頭是一條手工編織的圍巾，還有一張訃聞和一封手寫信。

「范醫師，媽媽已於這個月安詳離世，我和先生都有按照您的建議，最後的臥床階段，每天在媽媽清醒的時刻，為她裝戴全口活動式假牙。我們也相信，媽媽在最後極少數清醒的片刻，知道她的口腔是漂亮的、有全口完整的牙齒。因為接到醫院電話的早晨，我們回病房看到，放在床頭的全口活動假牙漱口杯，有稍微被移動的痕跡，可能她曾在某一個片刻，想要自己把假牙戴起來。我知道您從來不收禮，但這陣子為了我媽媽，您破例讓我代替媽媽進行假牙印模，也幫忙趕件處理。盒子裡是我去年就在編織的圍巾，微薄心意，請您一定要收下。我會織圍巾，是媽媽教的，就當成是媽媽給您的答謝。」

我把紅色格子的圍巾放在醫院技工室的座位上，在這個地方，我曾數次拿著電話與技工所討論范小姐母親的全口活動假牙，追蹤整體的製作進度。初次見到范小姐並了解她看診的用意後，也曾坐在這個地方因感同身受而暗自神傷。相較於一般牙醫師，到宅牙醫有更多機會接觸到重症病患，即使已經盡全力治療口腔狀況，定期追蹤照顧的細節，但患者依舊會以不可預期的速度衰弱，甚至在我覺得好像還可以多替病患著想時，突然就得知他們再也不會預約看診了。或者像這位未曾謀面的范媽媽，我沒有機會確認她的全口活動假牙是否密合，最後得到的只有一張訃聞。

礙於工作繁忙，後來我並沒有親自出席告別式，而是派助理抽空上香。助理回來後告訴我：「范醫師，家屬說是您幫助他們跨過別離的焦慮，完成媽媽的心願。」助理也告訴我，范媽媽生前非常愛美，一直很擔心往生後沒有牙齒會很醜，家屬們將我製作的全口活動假牙放在媽媽的隨身包包中，慰藉她在天之靈。

就算是再勇敢的人，死亡依舊是一個重量級的關卡。助理轉達的話讓我從悲傷中脫離，慶幸這一副全口活動式假牙，能成為一個媒介，幫助家屬減緩與親人死別的悲痛。

「小張，過一段時間，幫我打電話給范小姐。等她心情平復些，我希望她可以回診。上次做活動假牙印模時，發現她的上顎後方有比較嚴重的齲齒，最好抽空過來做後續治療，避免之後出現感染，有可能會很不舒服。」

「醫師，你可真是職業病啊。」小張略感無奈地看著我，顯然還未從參加完告別式的情緒中抽離。

「你還年輕，可能還不能體會，也許我們只幫范媽媽完成一半的遺願而已，剩下的一半，就要靠我們的醫學專業，照顧她女兒的口腔健康。」

一開始接觸到宅牙醫，只是希望幫助無法就診的患者，也想要多陪伴病患的家屬，逐步改變每個家庭的衛教觀念。當時沒想過，我會比其他牙醫師面對更多臨終的老人家，而我的服務也會因患者生命抵達終點而畫上休止符。如果時間可以倒轉，遇到那個不到四十歲、毅然決然投身到宅牙醫服務行列的自己，希望能夠提醒自己了解更多人文關懷、生死學和心理學的資訊，在遇到患者臨終時，更體貼地陪伴家庭走過這段艱辛時期。

4 活著的尊嚴

二〇二二年一月，有位名叫傑傑的男生在臉書私訊我，說他讀了我在春節前寫給異鄉人的文章，有些心底話想跟我傾訴，也希望我可以提供一些建議。以下是他寫給我的信（註1）：

范醫師您好：

我是在台北打拚的南部小孩，您在粉專上的文字讓我有很多感觸。算起來已經快兩年沒有回家了，每逢春節，一個人在租屋處吃外賣，還是會想起國小時，年夜飯後的除夕守夜，我總是還沒到大年初一就搶著要放鞭炮，當爺爺阻止的時候，爸爸會站在我身邊，微笑說：「沒關係，不差那一、兩個小時。」

身邊很多離鄉的同事去年沒有回家，都是擔心交通往返的過程染疫。我一點都不擔心新冠疫情，經常想，新冠肺炎遇到我，大概也不敢造次，頂多出現感冒狀況吧。

比起病毒，讓我抗拒回家的原因是，爸爸變了。

二〇一九年，可能是我擁有幸福家庭的最後一年，也是老爸最後的健康時光。他在那一年罹患口腔癌，不知道是不是因為大量的診療，認知功能很快地出現一些障礙，起初我們都覺得沒事，畢竟癌症病人容易疲勞，健忘、躁鬱是難免的。可是失智症並沒有放過他，大概長年獨自臥床養病，失智症的惡化程度超出了我們所有人的負荷。

因為爸爸身體不好，家人得安排服藥的時間、帶他到醫院回診。但他現在很暴躁，只要腦中沒有這項行程，就會覺得家人給他的藥有毒，甚至要帶他出門以便「把他賣掉」，會摔書、摔老花眼鏡。我離家的最後一個月，甚至差點被他用餐桌椅砸頭。

「他只是認知功能退化了，但依舊是我爸爸。」二〇二〇年，我參加了教會舉辦的長照課程，很認同講師的觀點，當下曾經努力讓自己重建與爸爸的關係，然而他個性越來越固執，現在幾乎是全面抗拒治療的狀態了。

註1：編註：為了便於讀者理解，文字略作修改。

長期瀏覽您的粉專，知道到宅牙醫服務資源很好。想起爸爸可能也快要四年沒有洗牙、檢查口腔健康狀況了，但面對一位死命抵抗各式治療的老人，含著膠囊、趁我們不注意再吐掉的爸爸，我實在太想放棄了。

到宅牙醫真的有幫助嗎？此時此刻，我不知道是否應該對居家醫療抱持著期望。

傑傑

想回家又不敢面對困在疾病中的至親，傑傑的徬徨來自對失智照護的無助，不想接受自己不熟悉的父親，在家裡也感覺什麼忙都幫不上。「疏離起源於孝心」，我在臨床上經常會看到類似傑傑的案例，因為捨不得看到受苦中的父親，而暫時逃避不回家，但心裡還是記掛著父親的身體狀況。

傑傑的老家在屏東，礙於法規限制，我目前只能在大台北地區進行到宅牙醫服務，沒辦法實質照顧到傑傑的父親。然而我依舊回覆了他的訊息，協助他申請南部的居家醫療資源，並留下自己的手機號碼，希望盡可能給他遠端的支柱。

年假結束後，傑傑打了通電話給我，經過兩個月，他父親的到宅牙醫服務申請已經通過了，明天醫療團隊就會進行第一次訪視。我提醒他：「醫療團隊都經過非常嚴格和專業的訓練，明天請不要移動家裡的擺設和家具，也不要刻意讓爸爸移動到客廳。一切保持自然就好，這樣爸爸會更加放鬆，比較有可能接受治療。」

「范醫師，爸爸一直以來都習慣坐在房間的按摩椅上，那我就不動聲色，讓他在按摩椅上接受洗牙治療嗎？」

「沒錯，你先試試看，等訪視結束我們可以再交流，祝明天順利。」

後來的狀況在我的預期內，傑傑的父親在意識到看診可以不用移動身體、不需要焦慮想著身體的不便後，就變得較為配合，甚至還能坐在按摩椅上，問醫護人員的名字，順利接受了口腔治療。

許多人曾經問我，患者的居住空間落差很大，居家醫療的不確定性這麼高，為什麼我每次診療卻如此有把握？實際上，我認為老人家的長期照護雖然需要很細緻地進行，但相形之下也更容易調整，重點是：給患者活著的尊嚴。即便是失智老人、癱瘓者，都只是認知功能異常，並不代表他們沒有感受和脾氣，當照護淪為定時投藥、機械式餵食和擦澡，長輩很可能在過程中出現強烈的剝奪感，讓他們變得特別暴躁，甚至會出手反抗。

傑傑的爸爸長期坐在按摩椅上，意味著按摩椅可能就是他在家庭的地位。不調整治療場域，能讓他知道，診療前後，他在家裡的身分不會有任何變化，這可以給失智症患者極大的安全感，也是每位家庭成員可以考慮實踐的照護方式。也因此，我鼓勵每個長照家庭盡早開始申請各式居家醫療服務，讓患者慢慢認知到，即使健康狀態改變了，也可以不用改變生活方式。

5 獨居老人的夢想

每一年的農曆新年前，醫院總有忙不完的事情，然而，瀏覽過這星期要跑的到宅牙醫服務患者資料後，雖然身體很疲倦，精神卻異常振奮。這次要為一位獨居長者洗牙和調整活動式假牙，完成他年前的夢想。

患者吳老先生獨自住在信義區老舊社區公寓地下室，十幾年前，他的中國籍配偶不告而別，從此日常起居都靠自己一個人完成。起初他的身體還算硬朗，生活可以如常，最喜歡清晨騎著龍頭有點歪斜的單車，到附近的傳統市場買菜回家烹飪。

「那幾年，我被安靜包圍，可以整天不與人開口說一句話，但覺得生活平靜也很好。」吳老先生這樣說。

多年前因疏忽牙周照護，他的牙齒開始鬆動掉落，幸好及時找我協助裝戴局部活動式假牙。二〇一七年十二月份，吳老先生是我下診前最後一個病患，比較有機會多花時間了解他。也是在這時候，我從病歷資料發現，以他的年紀和身體狀況，可以申請到宅牙醫服務。隨即向他解釋了居家醫療的範圍，他當下也決定開始嘗試長照二．〇服務。

人與人的關係，都是獨一無二的故事。診間的一席話成就了我和吳老先生的緣分，我不但是協助他裝戴局部式活動假牙的臨床醫師，更成為與他居家生活關係密切的到宅醫師。

然而，過了大概兩星期，小年夜快到了，我再拜訪獨居老人的居家空間，電鍋放在同樣的位置、小冰箱運作發出的低鳴聲也充斥著窄小的空間，但老人家已經不再像過去一般活躍健談。

日漸痀瘻的身體，讓吳老先生沒辦法再騎著腳踏車買菜，牆上的日曆正在倒數著新年，他的家裡卻一絲也感受不到年味，他只能靠著緩慢步行的方式，久久一次上街採買簡單的日用品。

「范醫師，年假開始後，信義區會變得冷清。這麼多年了，我很習慣簡單生活，年夜飯就一個人吃。但最近覺得，農曆年時，鄰居也都返鄉不在了，大概連一點點聲音、想熱鬧一下，都是不可能的吧，想起來還是有一點害怕，我是不是被這世界遺忘了。」在定期的口腔治療開始前，吳老先生突然若有所思地這樣告訴我。

我抱著一顆陪伴的心，詳細為吳老先生檢查全口狀況，也卸下他的局部活動假牙，以專業設備重新調整，讓假牙密合度更好，他進食可以更順暢舒適。雖然還有下一位患者等待我們進行到宅牙醫服務，我仍然決定上街買了一個豬蹄膀、一些蝦仁，重新折返回到吳老先生的家，把食材存放到冰箱。

\ 潔牙護齒小知識 /

哪一種局部活動式假牙比較好？

「局部活動式假牙」能針對缺牙狀況進行客製化活動假牙製作與設計，目前臨床上有金屬牙鉤和軟牙床式的活動假牙材質。金屬牙鉤式假牙較為傳統，使用金屬鉤，將假牙固定在真牙與牙齦上。但是，金屬鉤美觀性較差。軟床式活動假牙主要則以樹脂製做出人造牙床，吸附和黏著在患者牙齦上，咀嚼時有少許的彈性，市場上又稱「隱形活動式假牙」或「彈性床」。但軟床式活動假牙後續較不容易調整鬆緊度。兩者都需要每半年調整一次，避免因假牙已經不密合，產生掉落或咬合力衰退的狀況。

「吳叔，難得到你家，又趕上年前，冰箱簡單的菜，用電鍋蒸就可以了。你的咀嚼狀況都很穩定，我也把活動假牙調整好了，今天就當作我們提早吃團圓飯，祝福你新年快樂，我們年後見。」離走前，捨不得再多看一眼吳老先生驚喜又感動的神情，事實上也沒有更多時間能夠駐足。但至少我很肯定，今年他能擁有好的牙口，吃一點想吃的年菜，讓獨居生活增添些年味。

像吳老先生這樣獨守家中的長輩很多，雖然很獨立，但依舊需要被關懷，撫慰情感層面的孤獨。外出打拚的孩子們，除了在年節時回家陪伴他們，平時也可以打電話慰問，不要讓長輩覺得年紀大了以後就被世界淡忘。

6 身心障礙者的無障礙生活

一九五〇～一九六〇年代，台灣爆發小兒麻痺大流行，很多新生兒、抵抗力較弱的人，在尚未服用口服藥物和施打疫苗前，就已經感染小兒麻痺症。只是當時醫學知識並不是那麼普及，社會氛圍對於衍生的病徵加以污名化，讓染病的孩童除了忍受行動不便的折磨，還要克服輿論壓力，堅定地復健和正常生活。

雖然臨床早已證實台灣的小兒麻痺症被徹底控制，但在我看來，小兒麻痺症在二〇二〇年後其實再度「流行」了一次。畢竟當年染上小兒麻痺的患者已進入高齡階段，病況嚴重的人在年紀漸長後，有可能會因為肌少症或其他慢性疾病，無法像一般人一樣獨立看診。我們作為長照醫療人員，必須提供更多客製化醫療服務，陪伴他們開展更優質的高齡生活。

二〇二一年，在到宅牙醫的服務旅途中，遇到了讓我印象深刻的嚴重小兒麻痺患者廖先生跟他的妻子。

廖先生在年幼時罹患小兒麻痺症，起初只是覺得手腳關節僵硬、起床後會異常疼痛，但短短一年內，狀況就極度惡化。家人用盡儲蓄，帶他去看了很多名醫，結果仍是無法痊癒，他最後還是用支撐身體的拐杖協助行走，奮力和疾病共處。

「我只能說，宗教還是有用的。大學開始因為身體的缺陷難以忍受，我曾經想過乾脆自殺算了，幸好有個機緣開始做禮拜，參與了很多教會活動。二十三歲因為不用當兵，比其他同齡男生有更多的個人時間，承辦了聖誕節活動，因此交到了女朋友，也就是現在的老婆美玲。那是我人生第一次感謝自己有小兒麻痺，如果身體好好的，大學畢業後一定要去服兵役，大概也遇不到美玲。」

美玲跟廖先生結婚十幾年，是先天的腦麻患者，受原生家庭呵護備至，從小習慣使用輔具，即使身體有殘疾，性格反而比一般人更樂觀。八〇年代末在教會認識廖先生以後，美玲就帶著廖先生感受不同的生活體驗，他們倆一個拄拐杖、一個坐輪椅，一起開心報佳音，在第七個聖誕節步入婚姻。

由於夫妻都是身心障礙人士，結婚前就決定當「頂客族」，彼此相守一輩子。

我認識他們的時候，看到了比一般健康夫妻更深厚的愛意和更深刻的陪伴。

很多人可能會覺得，兩個身心障礙人士結合，生活肯定有諸多困難，然而這對夫妻打破了這個刻板印象。大學就讀室內設計系的廖先生，婚後找了開設室內裝潢工作室的大學朋友，根據自己和妻子的需求，打造了「小矮人之家」。

他們選擇居住在身障友善的社區大樓，從大門到電梯，都有不同的無障礙設施。居家從門把、電燈開關，一路到床鋪的高度，都經過客製化設計。家裡每一個房間都以滑軌拉門設計，可以防止他和妻子因用力轉開門把而發生意外，更可以擴大開門的角度，方便輪椅出入。所有插頭都以坐著輪椅使用為主，結合家裡部分的智能家具設備，打造出一個夢幻的家。

兩夫妻在家裡的生活，其實跟普通夫妻無異。我在訪視過程中最意外的是：美玲把屋內收拾得一塵不染。她很自豪地拿著兒童掃把：「范醫師你看，我發現很多嬰幼兒和孩童的工具剛好都很適合我，這支掃把的整體設計，讓我坐在輪椅上也可以不費力地掃地。」

我輪番為廖先生與美玲完成口腔評估療程，發現他們兩人的口腔健康狀態都維持得很好，不但牙結石很少，甚至完全沒有蛀牙。廖先生在家裡習慣坐在電動輪椅上，他開心地滑行至浴室，拿出電動牙刷。

「我的手沒有力量，要用正確方式潔牙，難度實在太高了。幸好現在有這種電子產品，飯後我都有遵照范醫師的提醒，好好刷牙再用漱口水，我跟老婆都會彼此督促，牙刷刷頭、牙膏快沒有了，就網購買回家，現在又有到宅牙醫團隊進駐，我們真的很滿足。」

「是啊！范醫師，我跟老廖希望你們這麼有愛心的團隊可以寬心，我們雖然都領有身心障礙手冊，廖先生肌肉持續退化萎縮，慢慢地也屬於重度殘疾人士，但只要有心，生活並不會有任何障礙。」

看到兩位結婚進入第二十年的夫妻坐在輪椅上凝望著對方，時不時開一下對方的玩笑，屋子充滿和諧的溫馨感，我深感欣慰且欽佩他們。臨床時常看見這樣的「特殊需求者」因為身體不適與不便，影響到心理狀態，會變得比較憂鬱、沮喪，很可能也會脾氣暴躁，但從廖先生的生活型態看來，看待生命的態度，才是生活幸福與否的關鍵。

7 最後一次的診療

在恩主公醫院的診間，總有患者告訴我：「謝謝范醫師這麼快速幫我做好假牙，可以咬食物了，跟沒牙齒咬差了超級多。可惜我先生沒有這個福氣，他車禍後癱瘓，連要走到廁所都很困難，有活動假牙也很少戴，說戴起來不舒服，完全不敢想像要送他到醫院找您看牙齒。」聽多了這些話，讓我更確定自己要踏上這條道路。但實際擔任到宅牙醫，發現光有熱誠是不夠的，還需要比一般牙醫有更大顆的心臟才行。

與急診室醫師和外科醫師比起來，臨床牙醫比較不會直接面臨跟患者生死交關的風險，然而到宅牙醫工作遇到的病患，都是重病臥床、失能或是超過六十五歲的長輩，他們經常要跟死亡拔河，而我們的工作就是擋在死神面前，改善病患的咬合力，給他們更多拉鋸的力量。

二〇一三年年底，我到板橋服務一位奶奶，她的家庭經濟狀況還不錯，家裡聘請台籍專業看護，平時家裡也比許多長照家庭還熱鬧，子女下班後會一起吃飯，孫執輩的年輕孩子們也會趁假期探望奶奶，讓奶奶在晚年真正享有子孫滿堂的幸福。奶奶有三高問題和嚴重失智症，這兩年開始漸漸忘記身邊孩子們的名字和故事，唯一能夠正確呼喚的只剩下看護美娟姐。聽家屬說，美娟姐照顧奶奶已經超過三年了，也許是成天都在彼此身邊，產生了比直系血親更緊密的關係，連到宅牙醫服務也是透過看護完成申請。

「寶寶，寶寶……講你啦，寶寶過來！」

初次拜訪奶奶家，團隊還在門口整裝，就聽見臥室傳來奶奶親切的呼喚。我跟護理師面面相覷，直到美娟姐走出來迎接，這才確定患者確實是在叫我們。

「奶奶好，我是范綱信醫師，很高興今天到家裡看您，這次我們只是想知道您的牙齒健不健康，需不需要個別治療，晚點我也會幫忙洗牙齒，保持口腔衛生。」

「坐坐坐！寶寶好久沒有來看我了，吃飯了嗎？」

護理師再次說明我們的來意，指著我向奶奶介紹：「奶奶，這位是范醫師，你們之前沒有見過面，他之後會定期過來檢查您的牙齒。」

反覆自我介紹了大概五分鐘，美娟姐從浴室走出來，遞上提前準備好的毛巾給奶奶墊著胸口，並以輕柔的語氣告訴我們：

「醫師您就直接開始洗牙吧，我們有跟奶奶講過，她就能卸下心防，不需要知道你們是醫生也沒關係。她已經失去分辨外人身分的能力，對她來說，每一個拜訪的人都是寶寶。」

剛好父親也叫我「阿寶」，所以我也順勢接受「寶寶」這個稱呼，「寶寶」因此成為我跟奶奶患者的代號與約定。一整年我拜訪了三次板橋奶奶家，最後一次，奶奶在看牙前不小心嗆咳，出現肺部感染，神智比平常更不清楚。剩餘的時光，我們在偌大的空間中，感受嚴重失智症患者的記憶、感情和溫度，也守護著她的口腔健康。

到了二〇一四年上半，到宅牙醫服務一直沒有排到板橋這位患者，下診後我偶爾想起時心裡隱隱不安，但平時工作實在太繁忙，加上並沒有留下家屬的私人手機，有時候我會擔心，不知道板橋奶奶會不會正在等待「寶寶」。

「范醫師，這是十二月份的患者名單，請您先看過，如果需要特別了解患者的其他病歷資料，請在到宅牙醫服務前一週請我們協助準備，我們星期二下午一點鐘準時出發。」

名單上出現了超過半年沒有申請到宅牙醫服務的板橋奶奶名字，旁邊有護理師大大的備註：癌末患者，可進行一般洗牙。

「奶奶，是寶寶，寶寶過來看您囉！」美娟姐輕輕推醒了比去年虛弱很多的奶奶。原本熟悉的患者居家空間，不知道是不是因為多了呼吸器和大型輔具，或者因為得知了奶奶的身體狀況，我內心有比較大的波動，一時之間覺得這裡好陌生，她也沒有力氣再次親切地叫我「寶寶」。

這次為了配合無法下床、意識模糊的患者睡姿，我請美娟姐協助，一起騰出床角位置。我蹲坐在地上檢查奶奶的口腔情況，由於她還在半沉睡階段，沒有辦法配合張口，第一次選擇用牙醫專用張口器撐開她的嘴巴，開始詳細清除她的牙結石。

那時不到四十歲、對臨床充滿熱情的自己，在奶奶患者面前、在居家診療現場，第一次清楚地感受到死亡正在接近。我一邊進行口腔治療，一邊詢問美娟姐這陣子奶奶的情況，才知道原來今年年初，奶奶在喝牛奶的時候嗆到。家屬因擔心造成吸入性肺炎，立刻安排她到大型醫院檢查，雖然後來順利避免肺部感染，但從X光片檢查中，醫師注意到奶奶的肺部有幾顆大型結節，進一步安排篩檢，驚覺已經是肺癌末期、癌細胞已經擴散的狀態。考量奶奶年事已高，本身也有三高問題，最後他們選擇了安寧療程。

美娟姐不愧是資深的看護，加上對奶奶的情分很深，將她的健康狀況有條不紊地說明給我聽。這次的到宅牙醫服務，是配合居家安寧療程，讓奶奶能夠回到最溫暖的家，可以不用擔心口腔不適問題，更舒適地和家人們度過最後的時光。

和臨床一般牙醫最大的不同，到宅牙醫師特別害怕患者「爽約」。平時在診間，患者偶爾因為工作、交通等因素突然取消約診，我們並不會因此感到緊張，因為多數人都擁有獨立照顧自己的能力，會在牙齒不適時選擇再次預約看診。然而，需要到宅牙醫的患者，本身就缺乏出門看牙醫的行動能力，部分患者甚至領有重大傷病卡，一次延誤和錯過治療，身體的變化可能會很大。再加上若是新申請到宅牙醫，從申請到醫師實際進到患者的家，往往還要等待至少兩個月。因此，好不容易排上看診卻突然取消，很容易讓我們當醫師的感到不安。

對醫師來說，最大的靈魂考驗莫過於與患者的長別。關上板橋奶奶家的大門時，我知道這會是最後一次來到這個地方，再也不會聽到奶奶鏗鏘有力的呼喚聲。當下我們能做的也不多了，只能安慰自己，奶奶癌末有嚴重身體虛弱問題，希望她在面對病魔纏身之際，不會真的意識到疼痛。我們也在心中默默許諾，會將奶奶看到我們拜訪的喜悅、那種如同對待孫執輩的善意，化為前進的動力，傳給下一個需要我們的患者。

8 GPS定位不到的地方

我經常在星期二早上看診後，隨意吃點簡便餐點，下午一點鐘就開始搬運到宅牙醫醫療器材，出發到患者的住家。這次的個案住在恩主公醫院近郊的山區，車程原本預計是三十分鐘，不確定是夏季午後雷陣雨遮蔽了視線，或者是導航出錯，我花了快一小時才找到患者的家。

到宅牙醫服務需要面對各種平時在診間遇不到的挑戰，但這次的迷航確實是新的考驗，用車子導航系統、助理的手機都查不到患者的住址。我們將車子暫時停靠後，又用谷歌地圖座標確認方向，同樣還是定位錯誤，就這麼被困在深山未知的路上，在狹窄的山坡路段反覆繞圈。團隊醫師與助理為了行車安全而焦慮，我則是擔憂讓家屬等待太久。

花費雙倍的時間，終於抵達患者的住家，迎接我們的是長期在家照護母親、看起來格外消瘦憔悴的兒子。他很客氣地詢問我們是怎麼找到正確地點的，和他互動時，感覺他似乎有一點愧疚，我告訴他：「居家醫療的醫師使命，也包含清楚定位患者住家位置，不需要因為我們交通路程較遠而覺得不好意思，既然來了，我們今天就仔細處理好媽媽的口腔狀況吧！」

就這樣，我們在傾盆大雨的深山中，進入一棟矮房的客廳。這次的服務對象是家中超過九十歲的老母親，今年年初突然開始無法下床，認知障礙也明顯惡化，兒子因而提前退休，目前一個人承擔主要照護的責任。然而兒子的身體狀況也不是很理想，無法揹著母親上下樓，只好騰出原本家裡的餐廳空間，將餐桌移除，改放母親的電動床。

移除家具後的餐廳顯得空蕩蕩的，屋外大雨沒有停歇，屋內看上去變得更昏暗冷清。我們在偌大的餐廳正中間開始診療工作，躺在電動床上的老母親看起來格外蒼白無助，在場的我們都能清楚感受到長照的孤寂。

由於患者長期服用抗凝血劑，我們臨床拔牙時會特別謹慎，盡可能控制傷口大小，避免術後要花更多時間止血。雖然我們已經提前請家屬先暫停讓患者服用凝血藥物，但身心交瘁的兒子忘記了醫囑，我們在綜合評估老母親的身體條件和一次到宅醫療所需的等待時間後，還是決定現場拔牙，將上顎後方已經鬆動的牙齒移除，並進行全口洗牙，避免牙周病情況惡化。

考量到下次再過來訪視患者，可能是秋天或冬天以後了。臨床治療結束後，我跟陪病的兒子一起坐在沒有開燈的客廳，聽他細細講述，今年老母親迅速衰老

\ 潔牙護齒小知識 /

飲用營養補充品後請記得刷牙

不少高齡患者無法完整表述自己的生理狀況，也不容易落實正確的潔牙習慣。臨床上我也發現，長期服用流質營養品的高齡者，有更多的齲齒和牙周病狀況。這是因為多數長輩在飲用營養品後都沒有刷牙，他們認為這些補充品是「流質食物」，只要稍微漱口就好了。然而這些飲品之所以能作為代餐，就在於裡頭涵蓋了每日需要的營養成分，同時也有碳水化合物和澱粉，也因此黏稠度通常很高。若沒有在飲用後潔牙，殘留在牙齒表面和牙縫間隙的黏稠飲品，很容易滋生牙菌斑（由細菌和食物殘渣共同堆積而成。用指甲刮牙齒表面，會有白白的一層，那就是牙菌斑），進一步破壞牙齒的健康。所以特別提醒長輩的照顧者，或者正在經歷手術復原期的患者，在飲用任何營養補充品後，一定要認真清潔口腔。

後，他單獨照護的心酸和感受。我也另外準備了完整的潔牙工具，教他如何幫助臥床母親清潔牙齒。

臥床患者的口腔狀況難以掌握，照顧者除了要先學會正確的潔牙方式，還需特別留意患者後牙牙周的健康情況。深山裡的這位老母親，就因為上顎已經沒有牙齒、下顎牙齒有點鬆動，上下顎對咬處的牙肉幾乎已經全部潰瘍，伴隨著較強烈的氣味。雖然患者已經失去與人互動的能力，但她依舊要面對每況愈下的口腔狀況。因此家屬要特別留意，即便臥床者所剩牙齒不多，都需要每日清潔，當上下顎對咬處牙齒受力不同（單顎無牙），更需要仔細檢查無牙處的牙齦、牙肉是否有出血和破皮的情況，才能避免細菌由牙周傷口擴散，增加身體系統性感染發炎的風險。

希望每一位無助徬徨的照顧者知道，不論你住在哪裡，只要你有需要，我們總有辦法抵達。你的照顧並非孤立無援，長照之路並不會因為交通、氣候等外在因素，就失去方向和希望。

9 媽媽教我唱的歌

在我的記憶裡，大稻埕並非煙火表演或觀光景點，而是陶老師和重度失智的媽媽一起居住的地方。

記得上回在洗牙時，就發現陶老師的媽媽有張口度不足的問題，這次再度來到她們家，雖然調整看診位置與姿勢，使用張口器，還是能夠完成臨床治療，但我更掛念的是患者平時清潔口腔會出現問題，所以我教導「健口操」，希望作為主要照顧者的陶老師，可以多鼓勵媽媽用餐時多咀嚼、平時多唱歌，這些都是訓練口腔肌群的方式。

陶老師在退休前是國中的音樂老師，課餘時還帶領著學校的合唱團，是相當盡心、熱愛教學與付出的師長。由於我的太太從小學音樂，所以初次了解患者家庭型態時，我就曾經跟陶老師簡單交流過彼此喜歡的歌曲，也在閒聊時不經意提到：

「以現在陶媽媽認知功能衰退的狀況，很適合在她的臥室放音樂，多刺激她的感官功能，也許對整體退化進程會有所幫助。」

二〇二二年五月，我再次走進這對母女的家，發現客廳多了一組音響設備，陶老師正並肩與媽媽練唱，一字一句唱著凌波的《梁山伯與祝英台》，可能因為歌聲動聽，媽媽雖然跟不上節拍、咬字不清晰，仍開心地搖著頭哼唱。

「范醫師，《梁祝》是媽媽最愛的經典，她還曾經是凌波的狂熱粉絲呢！雖然六十年過去了，但我感覺她依舊記得梁山伯赴京趕考的模樣，我希望她的內心深處有電影和音樂陪伴。您聽到的這首曲子，其實就是我國小時，媽媽教會我的第一首歌。」

在我面對的幾百個到宅牙醫家庭中，這是最讓我動容的一幕，這番話也是女兒對媽媽最真情的告白。

面對失智症長輩，對每個子女來說永遠都是相當艱難的工作，原本嚴肅、循規蹈矩的父親，有可能開始每天亂丟東西、想不起來老花眼鏡放到哪裡了，變得特別易怒。一向優雅溫柔的母親，也可能瞬間遺忘了母親的身分，和所有過去的嗜好。

身為子女，要迅速抽換身分成為照顧者，同時也要改變心態，擔起家庭的主要支柱，這些都需要大量時間消化。可怕的是認知障礙並不會等家人適應，大多數家庭都是在沒有充分準備的情況下，就開始承接沉重的新手照護工作。

作為居家醫療整合的臨床醫師，除了力求在每次拜訪患者時盡責完成所有牙醫必要口腔治療以外，最重視的就是家屬的處境與心情，他們照護的孤獨、疲勞與無助。建議擔任

\ 潔牙護齒小知識 /

什麼是張口度不足？

長輩因為口腔機能退化、缺牙，導致口腔肌群力量不足、咀嚼力下降，常見張口度不足，嚴重者有可能造成吞嚥功能低落、口腔肌群肌少症，嚴重影響到生活品質。「張口度」在臨床上的評估標準為：正常情況，男性的張口距離是46mm（3mm誤差）、女性為45mm（2mm誤差），一旦成年人張口度不足35mm，或是少於三根手指頭高度，就是「張口度受限」。建議可以適時協助長輩進行口腔按摩，由臉部到唇部慢慢按壓，待患者習慣每天都有口腔肌群按摩操後，慢慢深入到牙齦按摩，同時要特別留意張口度受限長輩的刷牙，可購買有弧度的刷頭，並由照顧者協助潔牙，在清潔的同時，也確保口腔肌群有所伸展。

主要照顧者的子女們，每天花一些時間，放下失智症，回到童年的時代，把爸媽曾經教會你的歌、陪你讀過的書，重新回顧，讓這些記憶中的事物成為橋樑。儘管失智長輩不見得會認得從前喜愛的事物，但依然能夠感受到家庭氛圍，和親子之間的暖意，這種情感的連結對於身心靈的健康很有幫助。

當然，如果你跟陶老師一樣愛唱歌，也可以引導爸媽哼唱屬於他們年代的曲目，鍛鍊口腔肌群。或者多講輕鬆的趣事，一起大笑，也可以幫助爸媽維持肌肉彈性，可說是一舉多得！

10 我的爺爺是大象

身為贋復假牙和植牙專科醫師，我在診間很少遇到小小孩，但偶爾還是會有家長帶著孩子到恩主公醫院，想要指定我的診次。這也讓我的患者年齡層跨度很大，最高超過九十歲，最低則是五歲。面對小小孩，就跟面對長輩一樣，只要站在對方的角度，都能有良好的溝通。

診間的孩子英文名字叫鮑伯，父親從香港來台，母親是台灣人，從小就在香港和台灣兩地往返，個性非常活潑健談，對於「看牙」這件事不但不害怕，甚至主動問我：診療檯上的儀器是什麼？是否可以拿起來看看？診間因小小孩變得特別有朝氣，鮑伯完成塗氟療程後，主動找我聊天。

「為什麼其他人都叫你醫師，但大人都叫你主任呢？」

「大醫院就像一間學校，裡頭有好多個班，牙醫師們都在牙醫班上，主任就像這個班的班長，但你也可以叫我范醫師，我就知道你在找我。」

「那我想要跟你說一個祕密。」

「鮑伯什麼都可以跟我說喔！牙齒不舒服的話，我可以幫你處理。」

「你剛才看診的時候說，嘴巴臭臭的，就是身體不健康，我爺爺就是這樣。」

「是嗎？那要找你爺爺來看牙醫，處理一下就可以改善了。」

「范主任，這是不可能的，因為我爺爺是大象。」

診間助理們聽到鮑伯的童言童語，都被天真無邪的孩子逗樂了，但我卻從中覺察到一些狀況，繼續和鮑伯聊天：「為什麼爺爺是大象呢？那你是不是小象？」

「我不是啊！只有爺爺有好長好長的鼻子。」

此時我起身走出診間，請守在外面等待小小孩塗氟的家長進來，詳細確認了爺爺的情況。家長提供的資訊，驗證了我心中所想，鮑伯並沒有亂說，他的爺爺正裝著鼻胃管。我隨即詢問家屬爺爺的情況，才知道爺爺住三峽山區老家，一直以來由鮑伯的姑姑在照顧。鮑伯只有假日才會回到老家，對他來說，爺爺就像一隻躺在床上的大象，只能遠遠眺望，不能走近一步。

在孩子無意間的揭露下，我們確認三峽爺爺符合到宅牙醫申請資格，助理協助家屬進行表格填寫，隔了一個月，我們就有機會上山探望爺爺的狀況。爺爺的家是兩層樓高的獨棟別墅，距今三、四十年前，台灣中產階級家庭很流行在山坡地打造西式住宅，鮑伯的父母輩應該就是那時候搬進三峽的。然而，原先氣派的房屋、前院特別整理出來的球場，都隨著人去樓空、年久失修而變得斑駁潮濕。如果只是開車經過，可能很難想像在這樣的地方，還住著一位行動不便的長輩。

鮑伯的姑姑在我們停好車後上前迎接，神色看起來不是很自在，跟我的助理說話時，語氣帶著一點愧歉，還有一點憤怒。遇到這種情況，代表我們在臨床診療前，最好先和家屬進一步溝通，聆聽他們在照顧上面臨的困境，並結合專業知識，說明我們的用意。停下來跟鮑伯的姑姑聊天後，才知道多年前爺爺執意回三峽老家住，但老人家堅持落葉歸根的想法得不到晚輩的認同。爺爺獨自從鮑伯父母在汐止的家搬出，回到三峽山區，重新砌牆、粉刷，處理了家裡多數的壁癌，還購入除草設備，想要好好將院子清理出來，未來在屋外可泡茶，享受寧靜的晚年人生。

然而，在二〇一六年，還沒等到夏天除草，爺爺就突然中風，等家屬發現送醫時，已經是嚴重癱瘓的狀況，鮑伯的姑姑為此和弟弟產生嫌隙。在我想要完整了解患者故事時，姑姑多次這樣說：「我們家什麼好的，爸爸都留給兒子了，內心就是希望老了之後，兒子能陪在他的身旁。好多年前我到高雄工作了，聽爸爸要回三峽家，還來不及勸他留在汐止，弟弟就讓他老人家獨自搬出來，現在爸爸變這樣，就怪弟弟太自私，如果勸不動，爸爸不願意住汐止，好歹也應該兩個人輪流回來三峽顧才對。」

「所以你現在主要就住在這邊了嗎？」

「爸爸中風後，在醫院住了一段時間，我就是那時候決定辭掉高雄的工作，回三峽照顧他。沒辦法，他現在還需要使用鼻胃管，本來想說等他可以自主吃飯、不用再插鼻胃管，我就回高雄。但現在他越來越衰弱，我也不知道應該怎麼做。很抱歉我發了牢騷，但心底覺得這個家犧牲最多的，好像就是我了吧，弟弟申請到宅牙醫，也沒有跟我通知一聲，只說有一群牙醫師今天會過來。范醫師，我爸已經沒辦法用牙齒吃飯了，你們其實沒必要特別過來，山路很遠，我們家也不是這麼好找。」

聽這個家庭的主要照顧者傾訴後，我們也詳細說明這次來的原因。很多鼻胃管患者的家屬以為親人已經沒有進食，牙齒也不會卡食物殘渣，因此疏忽了每日認真清潔口腔的照顧原則，導致很多鼻胃管患者最後都會因口腔細菌滋生，感染到全身其他器官，嚴重者還會危及生命。

爺爺一開始回到三峽山區，仍有非常好的自主行為能力，但中風後臥床，再加上山區到醫院的路途較遠，已經超過五年完全沒有洗牙和檢查口腔狀況。這樣一來，不但會出現比較嚴重的口臭，影響生活品質，更會因為細菌長期侵蝕牙周，牙齦腫脹流血，原有的真牙甚至會有鬆脫的狀況，加上長期臥床，又增加了誤吞牙齒的風險。

這類患者特別需要到宅牙醫的協助，在最有安全感的家裡，完成必要的治療，我們在每次拜訪後，也會親自示範如何協助鼻胃管患者潔牙。鮑伯的爺爺屬於較嚴重的中風癱瘓患者，潔牙前可能需要另外以特殊照顧技巧，協助他張口。此時，我會建議照顧者先用單手食指，深入患者靠近臉頰側的口內，稍微用點力往下按壓，這時口腔肌群就會自動讓嘴巴張開，讓照顧者可以逐一清潔牙齒，避免太多的視線死角，也不會白費力氣。

另外，若患者未來需要長期仰賴鼻胃管，到宅牙醫團隊在進駐居家空間後，也會定期追蹤患者口內真牙的穩定度。當牙齒有明顯晃動的情況，我們會請家屬提供患者平時服藥的處方箋，確認是否包含常見的抗凝血劑，在患者身體條件穩定的情況下，於家中完成拔牙，避免患者因牙齒不穩固，造成不小心吞食牙齒或刮傷牙齦等狀況。

難得來一趟病患位於山區的家中，我很想多停留一會兒，將更多專業衛教知識提供給唯一的照顧者，但也擔心鮑伯的姑姑會不會壓力更大，所以最後只

\ 潔牙護齒小知識 /

牙齒晃動嚴重程度怎麼看？

由於牙齒和牙周中間有「牙周韌帶」結締組織作為緩衝，健康的牙齒用手輕輕晃動，仍可能有0.2～0.5mm的位移範圍，這是正常的。牙醫在判斷牙齒是否足夠穩定，會以手指輕微晃動，若位移超過0.5mm，或是肉眼可看出牙齒搖晃，就是「嚴重晃動」的基準。臥床者出現牙齒不夠穩定，絕大多數都是牙周病造成的，因此即便患者並沒有因牙齒晃動感到不適，到宅牙醫團隊仍會建議在條件允許下拔牙，除了能盡量控制住牙周病進程，還能預防患者誤食隨時可能掉落的牙齒。

把比較緊急要處理和改善的狀況提供給她。在離別前，姑姑一改開始時的焦慮心情，幫我們整理治療後的廢棄醫療用品後，緊緊握住我的手答謝。

「姑姑，接下來你還要堅持住，我們會安排三個月後回訪，有任何問題，依舊可以打電話給恩主公醫院，這是我們應該做的事情，如果真要謝的話，應該感謝鮑伯喔！」

不分宗教、種族、性別、年紀和身分，重視每一位患者，是醫師的本分，我長年致力長照醫療，需要比一般診間醫師更敏銳地聆聽患者無意間透露的資訊和故事，這不僅牽涉到是否能及時治療，治療計畫的擬定也需要客製化的調整。還好在診間遇到了願意跟我分享祕密的孩子，讓我有機會進一步了解這個家庭實質的醫療需求，三峽爺爺也可以更無慮地安心養病。

11 患者的咬痕

長照醫療服務對象不只有長輩，還有不具備行動能力、臥床需要長期照顧的患者，包含了重度與極重度身心障礙患者，以及剛出院，有醫囑單建議需要進行居家看護的患者。到宅牙醫服務平時也會接觸到年紀輕的患者，我們會在出發前準備符合患者年紀與口腔型態的必要儀器設備。

二〇二二年八月，我們二訪有嚴重癲癇的汐止張小妹家，她雖然有長期服藥，但還是會在受到外界刺激時大發作。這讓她從小學五年級開始就選擇在家自學，較少有同儕的交流和互動，平時除了必要的回診拿藥以外，不會踏入其他醫療機構，更別說是好好地進行口腔檢查了。

第一次接觸這位年輕的患者，考量到她沒有什麼看牙的經驗，除了提前餵藥，也在枕邊播放她最喜歡聽的愛樂電台廣播。父母兩個人都陪在張小妹的身邊，站在床邊兩側，做好一切可能的準備。在古典音樂和親情的陪同下，我很順利地使用張口器輔助，完成全口評估和口腔檢查。張小妹下顎的第二大臼齒已萌發，考量到癲癇患者口腔清潔的照護不容易，我們決定下一回拜訪張小妹時，先行替下顎的第二大臼齒做溝隙封填，預防日後齲齒帶來的口腔不適。兩星期後的一個週末晚上，助理告知，下週張小妹的回診臨時取消。「張爸爸跟我們說，妹妹在浴室癲癇發作跌倒，撞到頭部後昏倒，需要靜養至少兩至三星期，我們的到宅牙醫就順延到下個月份吧。」

下次遇到張小妹，她顯然已經不認得我了，我蹲下來靠著她的手臂，重新自我介紹，並說明這次來的用意。

「妹妹，辛苦了，等一下牙醫伯伯會用最短的時間，填補你下顎的第二大臼齒，這樣以後就比較不會蛀牙喔！」

「我……我不想要。」張小妹表現得有點抗拒。

助理看到開始膽怯的患者，隨即協助補充說明：「你現在身體狀況恢復了，填補牙齒後，你也比較不會蛀牙蛀到神經，不然蛀到神經會很痛喔。」張小妹看著我們，再轉身看向最信任的媽媽，勉強點點頭。

然而，即便有了我們認為齊全的準備，臨床變數還是很大。儘管張小妹同意接受填補下顎第二大臼齒，但在我用手指企圖撐開她的口腔時，她還是沒有辦法克服緊張，用力咬住我的食指，血液瞬間從手指頭流了出來。我只能暫緩治療，先在旁邊對傷口進行簡易包紮。

張小妹的媽媽非常愧疚地看著我：「范醫師，對不起，其實我女兒很常這樣子，她不是故意的。平常潔牙的時候，只要覺得口中有異物，她就會用力咬住。」

「沒有關係，我們先讓妹妹休息一下，聽聽她很喜歡的莫札特，不要馬上開始拔牙。」

媽媽顯然很意外，沒想到已經過了好幾個月，我居然還記得張小妹的喜好和生活習慣。經過整理，助理們再次鼓勵張小妹重新試著張開嘴巴，她的父親此時也趕回家裡，想了解我的手部傷勢。

「如果手指真的很痛，我們也可以再等候，再順延一次到宅牙醫服務，范醫師千萬不要勉強。」

張小妹的爸媽非常有禮貌和客氣，可能也擔心我受傷以後會影響到臨床看診的操作。不過，根據臨床經驗，若此時就放棄診療，患者更有可能出現對看牙的恐懼。這時反而要盡可能在當天完成必要的診療，讓有特殊需求的患者因為「完成一件事」而真正感到放鬆。所以我請隨行的個管師聯繫下一個患者，多爭取半個小時，並在房間播放古典樂，與張小妹輕鬆地聊她的夢想，等她不緊張了，之後就順利完成了溝隙封填療程。

療程結束後，張小妹迫不及待地跟我說：「范醫師，如果有一天我好起來了，也想要像你這樣幫助別人。」

「我會記得你的這句話，等你一起加入幫助別人的隊伍。」我和張小妹打勾勾，她看到我剛止血的指頭，似乎想多表達一些歉意，我用眼神示意她不必擔心，起身和她的爸媽又多聊了一下。

「手指頭還好嗎？這是兩顆蘋果，范醫師一定要帶回家，就當作是我們的小小心意。」我認真跟家屬交代之後的注意事項和治療評估重點，張小妹的爸媽卻更在意我手指頭的傷。

「不會有事的，到宅牙醫師難免都會被咬傷，在身體不舒服的情況下，一旦受到刺激就很有可能出現生理性反射動作。最後，我心裡其實很欣慰，從妹妹的咬力，我感受到她的生命力，至少她是有力氣的，這也代表未來充滿希望。慢慢治療、多多鼓勵她，相信在口腔狀況良好的情況下，她可以攝取更充足的營養，能更健康地長大。」

雖然比起診間的臨床牙醫，我可以在更為私密的環境下，深入了解患者的生活狀態和身心的健康程度，然而也很難有機會陪著他們走過漫長的生病階段。只希望自己身為白衣過客，能夠珍視每一個當下，用身體、用心感受患者的點點滴滴。

12 你們什麼時候才會來？

星期二中午開始至傍晚，是我固定進行到宅牙醫服務的時間，六小時的看診時段，扣除自行開車的交通時間和準備工作，最多通常可以看四～五名患者。我們的拜訪都由新北市社福單位人員和醫院的居家護理師、個管師共同安排，提前兩星期跟家屬聯繫，確認患者的狀況後，預定好看診的日期和預計抵達的時間。不過，居家醫療的看診變數很高，加上患者住家點到點距離可能很遠，身為主治醫師，只能盡量控制好時間。只要我發現前一位患者的狀況比較不理想，可能需要更多時間，就會馬上請助理協助致電給下一個等待的患者，並控制遲到時間不超過三十分鐘。

然而，有時候還是會遇到一些突發的情況。那一天，我先在三峽回訪固定要調整活動式假牙的奶奶。奶奶雖然已經失智了，但透過家屬和外籍看護二十四小時的照顧、進行健腦運動，已經恢復到能夠正常社交。這次調整完假牙，奶奶還主動跟我說話。

「醫師，你乾脆幫我把整組活動式假牙拿掉，我想去植牙。」

「怎麼會想要改植牙呢？」

「你不知道啦！我想要去唱歌。」

奶奶的家屬在旁解釋，今年開始，他們為奶奶報名了社區大學老人日本歌練唱課程，原本只是想藉由課程讓她有機會接觸人群，沒想到奶奶去過一次後，每天都吵著要跟大家去唱歌，也因為這樣，她開始重視自己的容貌，吵著說「植牙比較漂亮，而且唱歌時活動假牙容易掉下來」。

作為主治醫師，看到患者的身體有顯著進步，當然也想盡心完成奶奶的心願，所以我花了些時間和家屬討論奶奶現在的身體狀況，是否可以在看護陪同的情況下外出就診，也仔細瀏覽目前患者服用的藥物，評估她是否適合進行舒眠麻醉。

「張個管師，我們下一場居家診療地址在哪裡？」

「下一家在台北市南港輪胎那邊。」

「那我們來不及了，先打電話給家屬吧，說我們大概會晚三十～四十五分鐘。」不久後，我一邊和奶奶家人討論，一邊用餘光看著放下電話筒、神色凝重的個管師。「醫師，家屬好像沒什麼耐心，說希望可以十分鐘後就出發，車程最快也要抓二十分鐘，你這邊再十分鐘能結束嗎？」

看著張個管師有所閃避的眼神，通常代表她正處在慌張的狀態，當下我知道可能又遇到比較棘手的狀況：下一位患者家屬等不及、眼前的患者狀況尚未排解，這時候真的得靠著團隊擋在中間，讓我能專心先完成目前的診療。

「范醫師，你們還要多久呢？我們已經等半小時了，你們到了嗎？我跟太太下樓接你們。」面對患者家屬的抱怨和焦躁，到宅牙醫團隊不但不能受到影響，還要敏銳察覺家屬出現負面情緒的原因。

驅車前往莊先生在南港區的家中，還沒停好車，就看到家屬已經站在一樓門口等候，他們急切的模樣，像是恨不得此刻有泊車服務，讓我能趕緊上樓見患者。我明白，家屬會這麼焦慮，甚至不接受我們遲到超過三十分鐘，肯定是有重要的隱疾，但在電話中又說不清楚，只能盼望著我們到來。「莊太太，我知道您這邊很急，所以等等我們換裝後，就先不跟您聊莊先生的近況了，我在車上已瀏覽過他的近期病歷，今天我們會先洗牙，另外把後牙齲齒補好。」

等電梯的時候，莊太太一反之前在電話裡的壞口氣，醫療團隊到現場，似乎讓她鬆了一口氣：「范醫師，是這樣的，外子有嚴重癲癇，大概每六～八小時需要服藥一次。很抱歉剛才在電話中語氣很不好，想說牙醫師要過來幫他檢查牙齒，我們從幾天前就開始調整吃藥的時間，目的就是要控制在您們治療時，他藥效發揮最好的時候，不增添您們的麻煩。」

走進莊先生的臥室，我才終於領悟家屬的用心。患者床頭邊有被咬破的毯子、毛巾和奶嘴瓶蓋，床沿的欄杆更是纏著束縛帶和隔熱厚手套，從中可看出在癲癇發作時，莊先生力氣之大，是家屬很難控制住的。也難怪莊太太前幾天開始調整服藥的時間，眼見我們遲到，時間一點一滴流逝，開始擔心我們正式臨床治療時，會不會藥效不夠，除了折磨莊先生以外，更會影響到我們的治療品質。我看了看莊太太，輕聲跟她說：「放心，我們見過很多癲癇患者，治療會很順利的，我也會控制在二十分鐘內結束，莊先生會在舒服的情況下改善口腔健康。」莊太太嬌小的身軀微微顫抖，眼眶泛著淚水，緊緊握住臥床丈夫的手，喃喃自語著：「老公，我們把范綱信醫師盼來了，再過不到半小時，就不牙痛囉，你要忍耐，要配合。」

長期照顧的對象並不只有高齡長輩而已，我在到宅牙醫的服務旅程中，遇過各個年齡層的患者，將近一半的人因為後天因素或先天疾病，無法自理生活，像莊先生這樣的案例也很多。家裡的頂樑柱在一天內倒下，在經濟負擔極大的情況下，通常只能靠另外一半或原生家庭的成員照顧，若再失去居家醫療團隊的進駐，臥床的家人將會離健康越來越遙遠。

我現在每年都需要帶領一批新的牙醫師代訓醫師，參與臨床到宅牙醫的學習，其中多數人是因為課程中必修的「特殊需求者身心障礙牙醫門診」學分而來，跟診前沒有做什麼心理建設，也因此通常很難想像患者和家屬的心境。年輕的牙醫師經常會有這樣的疑問：「家屬怎麼可以這麼沒耐心？」「臨床的壓力在醫生這邊，他們又不像我們這麼累，就不能多點體諒嗎？」

儘管跟患者接觸最頻繁、最了解家屬實際生活面臨的困難，我們有時候還是會掌握不住個別家屬們的需求，畢竟長照家庭的差異性實在太大了。我也是在過程中才慢慢學到，凡事都需要先心平氣和，好好完成眼前的事情，理解長期照顧者複雜的心理狀態，不多加揣測，才能給予較為客觀和全面的治療建議。長照醫療人員難為、長照家庭更難，正因為我們經歷過家屬的暴躁，陪伴過家屬哭泣，更了解再到宅牙醫服務的路上沒有停下來的理由。

13 我們想給的，不見得是他要的

孟欣是主動找上恩主公醫院牙醫部「特殊需求者身心障礙門診」的照顧者，她的媽媽是即將九十歲的局部缺牙患者，多年來配戴「活動式假牙」，原本可以每三～六個月到醫療院所調整活動假牙的金屬鉤環，但隨著媽媽漸漸老邁、有肌少症，開始行動不便，光是要下床、下樓，可能就需要花上一小時，定期口腔檢查成了不可能實現的理想。孟欣上網找了不同的缺牙治療方式，發現絕大多數的醫療院所都建議缺牙患者「植牙」，以便更長久地改善咬合功能。

「范醫師，我有沒有機會先申請到宅牙醫，讓媽媽在家裡習慣一下看牙的感覺，然後我再想辦法說服她到醫院找你，把活動假牙改成植牙呢？」

我初步從孟欣日常觀察到的資訊得知，患者雖然因嚴重肌少症導致無法獨自下床，但意識還算清楚，每天都願意配合打理個人衛生。如果患者還有清楚的意識、能完成基本的清潔，確實有機會調整口內裝置，進一步追求更理想的生活品質。

很快地，幾個月過去，孟欣的媽媽順利通過到宅牙醫申請，我們團隊也如期抵達他們位於板橋的住所，充分向媽媽說明今天的安排：先洗牙、再評估目前活動式假牙的咬合狀態，沒想到孟欣的媽媽突然從床上奮力坐起，極度不悅地看著女兒：「你為什麼沒經過我的允許，隨隨便便去跟人家醫師說我要植牙？我才不要植牙！醫師，今天洗牙沒問題，但其他治療我就不想做了。」面對這樣的狀況，孟欣跟我們一樣有點不知所措。

後來我才得知，幾年前孟欣曾帶著媽媽去大醫院，想評估是否進行「膝關節內骨軟骨移轉」的大型手術。當時類似的治療在台灣不算普及，孝順的孟欣在了解療程有機會讓媽媽重新自如行走後，馬上計劃帶她去看診，當時媽媽也接受了女兒的提議。沒想到手術不但需要麻醉，且須鑽孔刺激骨髓，誘導纖維軟骨再生，因此經歷了非常漫長的術後復原期。孟欣原本想給媽媽一份新「膝」望，沒想到媽媽反而要面對大量的復健，還有類風濕性關節炎的後遺症，而感到身心俱疲的媽媽也暗自下定決心，從此不再接受任何侵入性治療。

「媽媽，難得我們有機會讓到宅牙醫團隊到家裡，就剛好做個檢查，如果醫師覺得你的條件還可以，不要怕我辛苦，我們一起去醫院那邊。現在很進步，可以搭配舒眠治療，很快就可以完成植牙了。你未來也不用像現在這樣，一天到晚找不到活動假牙，也忘記放到哪裡去了。」

「我說不要就不要！就是捨不得讓你辛苦，想植你自己植啦。」

「你怎麼越老越固執，我又沒有缺牙幹嘛植牙？你已經把身體照顧得很好了，牙齒跟膝蓋又不同，不要把兩個放在一起看。」

孟欣眼眶泛紅，恨不得用盡全力說服媽媽接受她的想法和安排。躺在床上的老母親吵了幾輪，失去精力賴在床上，本來說好要洗牙，也賭氣示意我們把吸唾機和已準備的設備都收起來，用枕頭埋著臉部，拒絕跟我們進一步接觸。

我的助理們只好開始收拾器械，考量到馬上我們又要到下一個患者的家中治療，沒有辦法久留。我請孟欣陪我走到家門口，輕聲告訴她：「我知道你盡力了，我們都可以理解。我們先趕行程，改天到醫院再聊。」

不到一週的時間，孟欣就特別約了我的時間，還是沒有放棄讓媽媽把活動假牙更改為植牙的想法。我先讓她表達心裡的焦慮，才開始說我的想法：「媽媽現在假牙已經用了快十年，你也有定期帶媽媽回診調整活動式假牙，加上那天到你們家，看到媽媽還可以在床沿潔牙，把自己和活動假牙都照顧得很好。如果她現在有所堅持，也許我們就不要再強迫她了。」

「可是媽媽現在沒有辦法定期回診，下不了床，如果我又沒有辦法排開工作，就擔心活動假牙會刮嘴。」

「你的觀念很正確，下次我們到家裡探望媽媽，就以調整活動式假牙為主。先前因為媽媽拒絕接受治療，還沒有調整好活動假牙讓她配戴。」

「范醫師，您真的沒有辦法站在專業角度，勸勸她考慮植牙嗎？我這輩子只有一個媽媽，只想給她最好的。」

「可是，什麼又算最好的呢？相較活動式假牙，植牙確實更類似自然牙，咀嚼功能會更好，也可以延緩牙齦萎縮的進程。但所謂最好的治療，是綜合評估的結果，包含考量患者的年紀、意願，評估術後可能的復原期，你現在想要給的，也許不見得是媽媽想要的。」

和孟欣一樣的照顧者很多，尤其是與被照顧者同住的直系家庭成員，多年的照顧通常會讓他們養成兩種習慣：一、特別注意網路上的健康資訊，一有新型的治療方式，就想要讓被照顧者投入積極治療的行列。二、生活重心都放在患者身上。這雖然是人之常情，但有時候反而會忘了考慮被照顧者的情緒與感受。孟欣的媽媽只是行動不便，但意識相當清楚，必然知道自己倒下後，給獨力撫養她的孩子造成了生活上許多不便。對媽媽來說，現在最想要的應該是心愛的孩子能找到生活的平衡，甚至好好工作、享受人生，而非困在各種醫療機構、為自己奔波苦惱。我將自己的看法說給眼前焦慮的孟欣聽，她原本堅持要植牙的神色，慢慢變得哀傷起來。

「醫療跟照顧的原則沒有絕對性。媽媽都快九十歲了，但從她的病歷資料來看，只有幾顆缺牙，而且沒有其他慢性疾病，代表你已經做得很多、很好了。你現在該做的是，回家後不要再提到植牙，媽媽需要聽到的應該是：你有好好照顧自己。」

「范醫師，被你這樣一說，我瞬間什麼都懂了。」

照顧者希望的醫療方案，不見得是被照顧者想要的。認真聆聽對方的心聲，對方才會更尊重你的想法。記得慢慢來，在傾聽、理解的基礎上，釐清被照顧者的真實需要和期待。

14 那一碗湯圓

星期一從恩主公醫院牙醫部下診後，我通常會留三十～六十分鐘的時間，跟團隊討論隔天的到宅牙醫行程，檢查患者的病歷資料。幾年前的十二月，同樣在診間接起助理的電話，話筒那端的助理問：「家屬問范醫師要幾ㄎㄜ？」

「什麼科別嗎？就回答他們是牙醫部特殊需求者身心障礙門診。」

「他們應該知道是我們協助申請到宅牙醫，只是蘇妹妹的媽媽堅持要問醫師幾ㄎㄜ。」

當下我們都不知道家屬問的到底是什麼，只是考量到時間有點晚了，覺得這個問題應該沒有急迫性，選擇暫時不致電給家屬，等明日到府治療前再確認。星期二下午，我們如期抵達患者的住處，蘇媽媽激動地迎接我們：「范醫師，你們都還沒說要幾顆，我怕來不及，所以就先準備了。」

跟著家屬進門，餐桌上擺著四碗熱熱的湯品，特別聘請來照顧蘇妹妹的保姆指引我們到桌前：「太太說，今天冬至，請醫師們吃湯圓，妹妹還在房間休息，不用急，先吃完吧！」

擔任臨床牙醫師二十多年，我長期駐守醫院診間和無菌手術室，也在大台北地區奔走於行動不便患者的住所，甚至每一季都安排偏遠地區的義診工作，但讓我回想起來會掉眼淚的時刻，永遠都是在患者家，與家屬們的互動。忙到忘記節日的我們，想爭取與蘇妹妹相處的時間，因此請蘇媽媽先將孩子帶出房門外，用更輕鬆的方式認識她。

蘇妹妹年僅十一歲，在幼兒時期就被大型醫院診斷出重度自閉。考量到特殊兒童在校學習成果較有限，在蘇妹妹準備上小學之際，蘇媽媽就幫她辦理了在家自學，同時也辭去工作，當全職的陪讀者。

近十年，台灣有越來越多特殊需求的學生，家人需要給予更多教育與照顧的心力，才能讓他們從教育機構和傳統體制中出走後，持續擁有技能和知識。蘇妹妹的學習能力很強，尤其在抽象邏輯、非語言的測驗項目中，幾乎達到資優生程度。只是，將近五年來，她大部分的時間都待在家裡，第一次遇到這麼多訪客進門，她顯然相當生疏和害怕，坐在沙發上不肯靠近我們。

「妹妹，放輕鬆，今天是什麼日子，你知道嗎？」

「禮拜二，要看牙齒。」

「對，但我們晚點再幫你檢查牙齒，好不好？今天也是冬至，是大家團聚吃湯圓的日子，所以醫師叔叔才來你家，希望陪你過節日。」

我們的這番話成功吸引到蘇妹妹的關注，只見她微微前傾身軀，起身看了看我們桌上的湯碗，馬上又像洩了氣一樣癱坐在沙發上。我看了看蘇媽媽，她用眼神暗示，請我們暫時停止對話。

當我們品嘗完熱呼呼的湯圓，患者已由保姆帶回房間一陣子。我和團隊在房門外著裝，換上滅菌過的手術服和手套，準備進門檢查蘇妹妹的口腔狀況。此時蘇媽媽走過來跟我說：「范醫師，不好意思，知道您剛才好意想跟妹妹說話，才會提到吃湯圓這件事。不過，她的口腔肌群不是很強健，為了避免嗆到，我們已經好幾年不讓她吃湯圓了。」

蘇媽媽的話除了充滿溫度，更提點了團隊在撐開患者嘴巴檢查全口牙齒時，必須格外謹慎。重度自閉症者因為長期的社交障礙，基本的溝通和吞嚥行為可能都會持續退化，因此需要經常以「模仿」治療，讓他撫摸信任的照顧者的口腔肌群和嘴巴，維持一定的咀嚼力。

蘇妹妹由媽媽全職照顧，所以肢體協調度比其他嚴重自閉患者更好，但畢竟已經多年沒有看牙的經驗，當我嘗試用手指扳開她的口腔時，她尖叫了起來。保姆立刻將她抱入懷中，輕聲安撫，來回了大概五次，現場所有人都滿頭大汗，她最終才平靜地接受療程。

蘇妹妹的上顎有比較明顯的齲齒，可以理解是因為潔牙過程比較難清潔到上顎後排，蘇媽媽也有可能在女兒抗拒的過程中選擇順從。綜合考量她很久沒有看牙，也很久沒有看到這麼多「外人」，這次我只完成兩顆齲齒補綴。還有三顆齲齒和一顆可能要拔除的殘根，我們先寫在病歷單上，並跟家屬們說明，安排下一次回訪時分次進行治療。

「范醫師，能不能請您再想辦法至少多補一顆牙呢？我光是想像妹妹的蛀牙，可能讓她不舒服卻說不出來，內心就承受不了……」就在團隊準備收工之際，蘇媽媽突然這樣跟我說，進門時那位好客熱情的照顧者，提到自己的孩子，突然止不住眼淚。

「以我的經驗看來，今天的診療相較其他自閉症小朋友的看牙體驗，時間有點長。我當然還是可以再試試看幫她補牙，但到宅牙醫的重點不在於一次解決全口的咬合功能和齲齒狀況，而是幫助患者改善長期的口腔環境，讓長照過程更加順利。」

年輕的醫師助手幫忙補充說明：「蘇媽媽，以目前妹妹的抗拒狀態，如果范醫師再處理一顆蛀牙，可能會花上二十分鐘。我們擔心她是否會留下看牙不好的記憶，對於往後我們回來進行二次診療並不是很好。」

媽媽焦慮地接著詢問：「那下次什麼時候，有機會再找你們來家裡看診呢？」

「蘇媽媽請放心，我們這邊有蘇妹妹的病歷紀錄了，你不用再另外申請一次到宅牙醫服務，我們大概會在兩個月後安排回診回來看她，繼續下一個診療，可能再兩次、四個月（到宅牙醫每兩個月才能看診一次）就可以完成囉。」

「那下一次有可能指定范綱信醫師嗎？」

「這個當然沒問題，蘇妹妹已經是范醫師的患者了，下次我們也會請個管師安排范醫師。」

與這個家庭道別前，我再次看向餐桌上還沒有收拾的碗，想到蘇妹妹的渴望眼神，以及媽媽慌亂不捨的神色。這一刻，我深深理解這對母女的內心，多期待有更好的口腔狀況能夠共享食物，好好過節。我默默告訴自己，下一次冬至，就要讓蘇妹妹有機會開心地吃湯圓。

15 父親心中的模範生

我遇到的家中長子或長女，經常扛著父母親的期待，成長過程要擔任弟弟妹妹的「火車頭」、好榜樣，似乎更願意（或者是習慣）給予，無形中擔起許多壓力和責任，因此看起來比較沉穩，甚至會比較寡言陰鬱。而推翻我這個既有印象的，是跟我一樣出身於新竹的「老鄉」傑任。他在新竹市東區長大，小學畢業後，因為爸爸工作所需，全家搬到板橋生活。我認識傑任時，他中年、單身，跟老爸爸同住，同樣具備長子的責任感，卻一點也不陰沉。

多年前，我在診間為傑任洗過牙，不同於許多患者，他並沒有特別指定我的診次，只想定期檢查是否有蛀牙。剛好當天我有初診，跟他的緣分也就此結下。傑任的口腔狀況很健康，不但沒有任何齲齒，甚至連常見的牙結石都沒有。這是非常難得的，通常中壯年族群因生活繁忙，外食比例高，飯後潔牙自然不容易落實，食物殘留在口腔中超過半小時，就可能造成細菌滋生。

面對這位把口腔照顧得宜的患者，我好奇詢問他的生活狀況，傑任說：「范醫師，我在青少年時期，母親就罹患胰臟癌，半年後就離開了，連評估是否要治療都來不及。當下我就知道，萬事成功，還不如身體健康。」

母親早逝，改變了他的生命觀，從此變得比同齡人都更注重健康的作息。傑任接著說：「每件事都有代價，大學的時候為了維持規律的作息，我不讓自己經常熬夜，同時隨身一定會備著潔牙用品，固定時間也會安排健康檢查和洗牙。但可能就是這樣，大學同學都說我有潔癖，是怪咖，所以朋友寥寥無幾。沒辦法，家裡很多事情是我這個老大需要扛的，我不能輕易生病。」

自律、負責的老大性格，在他的身上完美體現，聽他陳述平時如何養生，我甚至都覺得自己還有所不足。也因為那年在診間聊得很開心，傑任後來開始固定找我看診，也一直保持著很不錯的口腔健康。

直到有一天，週一下午我查閱病患約診紀錄時，看到傑任的名字，當下只覺得時間過得真快，他又要回來洗牙了。當傑任走進診間時，我驚訝地發現他不再像過去那樣朝氣蓬勃，反而帶著黑眼圈進來。詢問後才得知，傑任的父親前陣子發生嚴重的車禍，傷到脊椎神經系統，已經臥床好幾個月了。

「范醫師抱歉，本來上個月就應該安排洗牙了，不曉得延後一個月，會不會口腔狀況不如前，你可別對我失望啊。」

「不會有大礙的，你從年輕時期就習慣照顧牙齒的健康，耽誤一個月不會有太大的變化。」

「這幾個月我的生活發生巨變，妹妹嫁到中南部，爸爸變成這樣，主要就由我照顧，還處理了車禍和解及保險理賠，實在累慘了。不過，這次除了找你洗牙，還特別想要了解到宅牙醫服務。」

原來，傑任在許多年前第一次找我看牙，回家後就認真查閱了我的資料，發現我長期關注長照議題，同時還持續進行到宅牙醫服務，甚至已經確認過父親符合到宅牙醫申請資格，想詢問是否有機會指定我為父親看牙。

「傑任，這是完全沒有問題的，等等我們洗牙後，你就到櫃檯找陳護理師，讓她先留下一些資料，我們會盡快處理，讓爸爸及早能夠享有居家醫療的資源。」

面對親人的病痛，照顧的第一準則就是正向的行動，看著認識多年的患者疲憊但堅定的身影，雖然還不認識他的父親，但我相信他有能力把長輩照顧得宜。

那年冬天，傑任的爸爸終於排上了到宅牙醫服務，沒想到距離上次在診間聽他說爸爸出車禍，又過了一季。星期二下午，我跟助理把車子停在患者提前預留的車位，我居然沒有第一次拜訪患者居家空間時的緊張。後來仔細回想，我猜是因為傑任對自己口腔的照護，無形間讓我產生了一股信任感。

居家醫師需要跟主要照顧者建立強大的合作關係，才能共同營造健康的環境。我看到這個家井井有條，傑任在父親的床邊、浴室、走道已經設置好足夠的輔具，他的父親躺在床上，氣色和狀態比我想像中好很多。

「傑任爸爸，我是范綱信醫師，我認識你的兒子很久了，他請我今天特別抽空過來幫你檢查牙齒。」

「我知道，沒有問題，先謝謝范醫師。等等我牙齒如果有什麼狀況，請直接說，需要改變的我一定改。」

到患者家進行到宅牙醫服務這麼久，很少遇到臥床者不但自覺性很高，而且非常認真地想要把口腔健康維持好。

後續的洗牙、調整活動假牙進行得很順利，不到二十分鐘就完成了。傑任父親的狀況甚至比我在診間看到的多數人還要好，這對相依為命的父子在治療後，開心地跟我說：「還好我們多年前就認識范醫師，有這麼好的服務，讓我們非常放心。」

離行前因為還有一些時間，我單獨跟傑任聊天。他說：「爸爸突然出車禍，一開始對我打擊相當大。媽媽把這個家交給我，我很自責那天讓爸爸獨自出去，曾經消沉了兩個星期。但很快就想起，小時候爸爸媽媽常說，我是長子、是老大，妹妹小我很多，靠著我當榜樣，既然爸爸希望我是榜樣，我就要當他們的模範生。」

出於身為老大的使命，傑任不但積極帶著爸爸做復健，餐後和睡前也一定會帶著爸爸一起潔牙。不到兩個月的時間，即使傑任偶爾無法回家跟爸爸一起吃晚餐，爸爸也會自主潔牙了。

父母親對孩子的託付和希冀，跟家裡牆上掛了幾張獎狀無關，真正重要的是孩子在長大成人後有足夠的能力和毅力，成為身心靈健全的人。傑任用開朗的態度面對著爸爸的殘疾，一直擔任主要照顧者的角色，偶爾妹妹回家，他還擔任外甥的家庭教師。也因為他，全家的生活有了正向的氛圍。這麼多年來，傑任都已經快要退休了，仍然持續實踐著飯後潔牙、堅守健康飲食，一步步陪著爸爸鍛鍊身體。我知道他成功了，也知道傑任的爸爸非常以他這個兒子為傲。

16 星星孩子的擁抱

從事到宅牙醫服務十幾年，比起診間裡的臨床醫師，我看到更多人間百態。大部分的家庭都很友善，在我們團隊結束診療後，總是會由衷表達感激。我們常常回應家屬：「我們在做的事情，只是因應政府長照政策，守護臥床患者的口腔健康，反而是團隊要感謝你們的信任。」台灣的良善、樸實，總是真實反映在我們與家屬和照顧者的互動中。

Betty是我的患者中年紀最小的一個，第一次申請到宅評估時她剛滿八歲，已經開始進入混合齒列期（乳牙開始鬆脫、恆齒萌發的時期）。能申請到宅牙醫服務，主要是家長在Betty學齡前就找了大型醫院鑑定，確認她的大腦神經發展異常，屬於ASD（註1）患者，經雙重臨床精神醫師評估，Betty外出需要有「信任的他者」協助，針對特殊的節日與活動，都要盡可能避免在未經長期溝通和反覆告知的認知交流前進行。

當Betty的第一顆乳牙開始晃動時，Betty的媽媽曾經上網搜尋「部定兒牙專科醫師」（註2），也為孩子安排了離家最近的兒牙診次，看診前兩週就開始慢慢引導Betty，讓她了解找牙醫師拔牙很安全，且媽媽會全程陪同。

然而，那一次Betty終究還是沒有順利完成治療。聽個管師說，Betty在前往牙醫診所的路上表現都還算穩定，但是，當她坐進候診室，媽媽拿著健保卡到櫃檯報到的當下，她就開始止不住地大哭，最後甚至躺在候診室地板不願意起身，媽媽只好帶她回家。幸好，Betty的爸爸有位好友在林口長庚醫院當身心科醫師，身心科主治就像Betty熟識的叔叔，後來回到長庚接受專業臨床輔導時，由醫院轉介，媽媽才因此認識了到宅牙醫。後來由我到他們家服務，協助檢查Betty是否有齲齒，若狀況允許，還要一併移除已經開始鬆動的乳牙。由於看診前個管師詳述了Betty看牙的「慘痛經驗」，我們團隊在看診前做了更多額外的功課，不但要了解Betty目前鬆動的乳牙位置，更要曉得她的興趣和喜好，想要讓她在沒有壓力的狀態下完成看牙。

小患者Betty最喜歡淺灰綠色和三眼怪，我在拜訪她的前一晚和我的兒子溝通，他主動拿出上回在東京迪士尼買回來、尚未拆封的三眼怪扭蛋玩具，請我轉交給Betty。兒子的好意，無形間也增加了我對這次診療的信心。

「Betty，這是送你的禮物喔！想不想打開看看是什麼？」這是我跟她說的第一句話，坐在床上的她扭頭轉身背對著我們。

母親見狀，示意我們團隊先走出房間，「可能是一次來太多人了，真的對醫師感到很抱歉，等等先進來兩位醫師就好。」

我們在外頭多待了五分鐘，Betty的母親這次選擇站在門口不進房間，我輕輕叩了叩門：「哈囉，我是你的牙醫師，姓范，范仲淹的范，我可以進你房間認識你

註1：自閉症光譜疾患（autism spectrum disorders），通稱自閉症。患者自幼便會出現多重社教情境的溝通、互動障礙，常見如：對話過程不願意看人、對自己的名字沒有感覺、無法正常交流、難以對事情產生興趣或擁有長時間的專注力。

註2：通過衛福部專科醫師考試、接受完整兒童牙科專科訓練的醫師，看診過程更能針對孩子的感受和想法，給予不同的臨床指引與客製化照顧。

嗎？」幸虧我們事先就知道Betty從小就特別喜歡聽歷史故事，她大概在房間偷偷聽著門外的動靜，聽到「范仲淹」這個熟悉的名字，終於選擇卸下心防，為我們開門。

「范仲淹已經死掉很久了。」這是Betty向我說的第一句話。

「對，你好聰明。他雖然離我們很遙遠，但他的故事依舊被記得，我們可以學習他，延續更多美好的事情。」我坐在床沿跟Betty閒聊，只見她歪著臉偷偷看我，微微點頭，眼神最終落在了我家兒子的三眼怪扭蛋上。「孩子，這是送你的，你想現在打開來玩也可以，你自己決定。」小患者選擇握住扭蛋，同時主動躺到床上，讓我有機會真正完成診療。從口腔狀況來看，她有兩顆前牙乳牙鬆動，後牙處有些微蛀牙情形，幸好細菌尚未侵蝕至牙髓腔，她應該還沒有明顯的不適。

這次看診讓我聯想到蒲公英，撿起這種花時，因為白色的小花針瓣非常輕，需要全心呵護，才能避免微風帶走棉絮一般的花朵。在治療Betty時，我就是用這種「拾起蒲公英」的力道，尋找最合適的角度拔牙和進行牙齒補綴，只要她一感到不安，我立刻暫緩手上的工作，先把提前準備的綠色毛毯按在枕邊，用餘光確認她還握著扭蛋，再繼續手上的工作。這樣反覆了五、六回，終於拔完兩顆乳牙、做完兩顆蛀牙的填補。

記得那時是十二月微涼的天氣，但為了控制手速和力道，同時必須極為小心和專注，做完療程後，我已經全身汗濕。從小就有社交互動困難的Betty，整場牙科診療都很配合、沒有哭，這已經很讓人欣慰了。沒想到就在團隊準備收工，回到客廳收拾、清洗器械之際，Betty推開了房門，手上抓著已經從扭蛋殼中打開的三眼怪吊飾，怔怔地走向我：「叔叔，謝謝你。」患者母親見狀，用眼神和手勢比出愛心和擁抱，Betty遲疑了一下，最終過來給我一個大大的擁抱。

事情過去已經很久了，有時候在開車前往患者家的路上，還是會想到來自「星星的孩子」Betty的擁抱。很想告訴更多正在教導、陪伴自閉症孩子的家長，這些孩子的內心像是一片星空，流動著各種豐富的情感，記得輕輕捧住你的星星，讓他感受到安全和溫暖。

17 你抗拒的是疾病，不是家人

很多朋友透過臉書粉專開始跟我互動，其中不乏許多居住在中南部的家庭主要照顧者，雖然知道礙於目前法規的限制，到宅牙醫服務的地區僅限醫師執照登記的區域，但他們還是願意在線上跟我聯繫，多數皆是在抒發長照過程遇到的問題。經營粉專幾年後，我的臉書就像祕密告解室，主要照顧者日常遇到的狀況、長期累積在心中的焦慮，找不到生活中的傾訴者，就會自然地找我聊一聊。

二〇二五年，台灣正式步入超高齡化社會（每五個人中，有一人為六十五歲以上）。根據二〇二一年年底台北市政府的統計資料，台北市不到兩百五十五萬的人口中，六十五歲以上的人就超過了五十萬，中山區六十五歲以上的人口更占了二〇．七七％。這些數據背後代表有越來越多家庭正在面對長照處境，醫療從業人員除了協助失能者的身體照顧，也需要給予「照顧者」適切的「身心照顧」。

二〇二三年八月，一位在粉專結識的網友董先生私訊我，說了自己的長照故事。

董先生是一位退休的郵局員工，二十五年來，每天早上騎著摩托車，穿梭在巷弄中投遞信件、致電給不同民眾簽收掛號，職務之需讓他養成了守時的習慣。他的妻子是補習班教師，在一次學期中的課輔後無預警倒下，送醫後被宣判是腦中風。幸好即時送醫，妻子雖然仍然手腳無力，無法自主下床和進食，但其他生理數據都還算穩定。董先生原本計劃退休後要安排一場兩人的歐洲旅行，但這場「畢業旅行」無法兌現，他將心力全部投注在照顧妻子上。

夫妻相濡以沫、互相扶持，聽上去是浪漫的晚年生活，但在照顧的現場，董先生不但面臨著「老老照顧」的危機，更因為過去沒有照顧的經驗，過程充滿了挫折和心理煎熬。在跟他聊天的過程中，印象最深的是他說：「守時一輩子，回過頭來想守護自己的老婆，卻發現我們的時間觀念截然不同。她沒有辦法照表操課，經常性賴床、逃避復健和洗澡，種種行為都讓我覺得：自己是不是根本不認識眼前這個相處一輩子的人，或者老婆其實從來不是我在找的那個人。范醫師，我真的好累、覺得自己好失敗。」

董先生這樣的情緒和真心話是許多照顧者的共同感受，承擔經濟壓力和生活雜務，我在臨床上看到的夫妻間的老老照顧，都充滿挫折和徬徨，原本能同甘共苦的兩人，有一人提前倒下，另一方就變成主要的照顧和家庭支柱。人在這時候會變得更為孤獨，出現自我懷疑，甚至開始與對方產生距離。與董先生的交談過程，我察覺他出現了「放棄」的念頭，比較急性子的他，再也無法接受妻子因為疾病，不斷延後和耽誤董先生細心安排的每項行程。面對這樣的長照困境，我想告訴每一位從先生或太太變成主要照顧者的朋友，你的內心正在抗拒的不是對方，而是疾病。

「跟不上腳步、再也無法共同實現的那個夢想」像是擋在董先生與愛妻中間的一道牆。雖然董先生細心照顧太太的所有日常，陪她看診、帶她復健，然而他可能永遠失去了能夠平等對話和交流的另一半。從事到宅牙醫服務的十餘年，我特別重視主要照顧者的心理狀態，他們正在經歷人生中可能最艱難的一段路，畢竟「照顧」是一門學問，平時在醫院，即使是護理師也需要「專責照顧」團隊協力合作，才能即時應對患者突發的狀況。對於許多提前退休，或者還在職場上的患者家屬來說，日復一日照顧的疲憊感非常巨大，面對心愛的人身體的煎熬，我們似乎再怎麼努力都做得不夠多，不足以幫助他們馬上恢復健康，面對無底洞一般的長照之路，照顧者的心理狀態同樣需要被理解和重視。

對疾病中的親人始終如一的關愛，有時候非常困難。建議大家在想要放棄、覺得快被打敗的時候，可以申請喘息服務且適時抽離一下照顧的現場，挪出獨處的時間，先讓自己去做那些很久不曾做的事，然後好好睡個覺。人比較容易在清醒後，脫離主觀感受去面對問題，這時候才能真正把疾病與家人切割，並不是那個你愛的人變了，只是在你們之中有疾病存在。要相信自己和你愛的人，可以找到與疾病共存的平衡，日常上每個環節的照顧，都像是一個立基點，能夠鞏固專屬於你們的平衡。

我在臨床上遇到最棘手的長照個案，往往是「母親與生病的孩子」。我有一位年紀三十出頭的患者叫小劉，原本是科技業工程師，因為車禍傷及脊椎神經導致全身癱瘓，只能硬生生放棄原本的生命目標。妻子離開了，小劉的生活起居全由年過六十的母親一手打理。

跟小劉和他母親結識的機緣，是小劉曾經做過齒顎矯正治療，母親與醫院居家護理師接洽，想了解他是否還要繼續療程。到了小劉的家中，看著面容憔悴、忙進忙出的小劉母親，聽她詳細說明孩子的生活點滴，當下我決定先關心她：「劉媽媽，你咳得有點厲害呢，有去看過醫生嗎？」

「看醫生？我瘋了嗎？我小孩躺在床上需要顧，我去看醫生了，他想要上廁所怎麼辦？如果失禁了，他內心不就更難受！我不能出門，也不會出門。」疲憊的照顧者像火山爆發一樣衝著我們崩潰地哭喊著。我看得出來，她會有如此大的反應，是因為小劉倒下之後這麼多年，我們是第一個關心她的人。躺在床上的患者需要日常照料，看起來堅強的每位主要照顧者，更需要有人能接收他們的求救訊號。

身為照顧者，請務必記住「照顧人以前，一定要先照顧好自己」。如果你也在長照路上受挫，或者遲遲不見患者有起色，請盡可能找到信賴的專業醫師和能抒發情緒的人，「允許讓自己脆弱」。正視擋在你與患者中間的疾病，才不會在壓力與日常間拉扯，或是忘記眼前生病的是那個你愛了一生的人。對生病的親人來說，你的存在也不只是照顧者的身分，你的情緒、身體狀況，也同樣是他們心中始終記掛的事。

18 老人與狗

對有些人來說，理想的退休生活是隱居深山，享受清新的空氣和不被打擾的寧靜。不過，在我的到宅牙醫旅途中，最難的任務就是服務偏遠山區的患者。除了Google導航可能找不到路，我們也沒時間在診療前先探路，有好幾次開著車駛進山區，路變得越來越窄，最後只能原路折返，將車子停在附近的停車場，詢問附近的住戶再重新啟程。不過，不管多辛苦，想到患者正焦慮地在家裡等待，我一定會履行跟患者的約定。

疫情過後，我到福山部落進行服務，那是烏來最偏遠的山區。患者是一位行動不便且有嚴重睡眠呼吸障礙的獨居老人林爸爸，已經在這個深山住了超過十年，對他來說，這棟有小院子的兩層樓透天厝，是他畢生的心血，也是他夢想了一輩子的退休住所。他罹患嚴重睡眠呼吸障礙，且幾年前接受換心手術後，依舊不願意跟著兒子回大坪林生活，林爸爸說：「我在這裡有小黑陪著，孩子只要知道我在這裡，固定抽空上山呼吸新鮮空氣就好了。」

社會局的社工張小姐在造冊關懷獨居老人時認識了林爸爸，考量到他沒有交通工具，儘管還可以維持簡單的生活作息，但需要下床行走時，還是需要靠拐杖支撐身體的重量，因此建議他申請到宅牙醫服務，結果他說：「不需要啦！我現在有戴十幾年前的活動假牙，已經很習慣了，平常自己做飯也會稍微燉軟一點，不會有飲食上的問題。」林爸爸不希望占用長照資源，經社工耐心勸說，他才知道申請到宅牙醫服務不必感到不好意思，反而能因為牙醫師親自到府服務，改善整體口腔健康狀況，讓子女更放心，對於家庭的幫助非常大。因為社會局協助，才讓我有機會對獨居老人的生活狀態有更多真實的了解。

社工張小姐在我們前往林先生住家前，不斷囑咐我：「范醫師，這位患者最在乎的就是養在他們家院子的大型土狗小黑。上次我們訪視，半個小時的談話，有一半以上都在講小黑跟他之間的感情。但小黑可能很不習慣家裡有客人，所以你們到了之後可不要嚇到。」同行的助理和我其實都不以為意，助理本身是貓奴，而我也一直很鼓勵長輩可在空巢期後認養一隻毛孩作伴。

看診當天下午，我們特別提前上山，還沒確認是不是林先生的住所，就聽見很大聲的狗吠。

「狗狗真聰明，還知道指引我們正確的道路。」我在車上還這樣告訴助理。沒想到，第一個考驗很快就來臨，當我們的兩台車準備要轉彎到院子時，小黑就已經衝上前阻止我們停車。只見牠一面回望著林先生的家門、一面慢慢往車身靠近，我們怕車子驚擾小黑，只好先讓助理致電給林先生，請他出來迎接我們。

「黑～小黑！寶貝兒，進來！」從林先生的發音狀況來看，他應該有嚴重的聽力功能衰退，這大概也是狗狗在院子吠叫，他依舊在屋內休息的原因。小黑見主人緩緩開了大門鐵門，搖著尾巴守在他身邊。「范醫師，辛苦了，不好找吧！歡迎您們來我家，我在廚房泡了茶。趕快停車吧！小黑很少看到人，希望您們沒嚇到。」

林先生還抱著黑狗的頭，示意我們隨意把車停在院子中，一行人進到屋內開始更換隔離衣，準備進行服務。助理也特別陪著林先生到廚房，請他不用再麻煩，趕緊先讓醫師看看他的口腔狀況，我們就在客廳開始進行臨床治療。

林先生先前告知過社工，新冠疫情開始後，他還沒有離開過這座大山，兒子曾經邀請他到城市過年，但都被他拒絕了，因為他只想要清靜，與狗待在老宅，甚至也很少看新聞。這樣的他，自然也不大可能知道定期要檢查牙齒、調整活動式假牙。

「林先生，嘴巴……」我還沒講完話，就感覺到腳邊有一個阻力，低頭看了一下，發現是生氣的小黑咬著我的褲管，不願意讓我更靠近患者。「黑！走遠一點！」林先生吃力地起身喊著。

「范醫師，不好意思，我這小黑怕生，平時很少看到我以外的人，所以可能比較有警戒心。」

「沒有關係，他很會保護你呢。」

「哎，九年前，是我答應要保護牠、照顧牠的，是我不夠好，沒有守住這樣的約定。」

可能是保護兩個字戳中了林先生，他突然感慨了起來，一問之下才知道，原來小黑是九年前他在山上採新鮮竹筍時，無意間看到的小狗。當時小黑被卡在樹林間，見林先生出現就使勁呼喚求救。當時還年輕、沒有心臟和呼吸道問題的林先生，花費許多精力將狗狗從樹林中抱出，帶牠到獸醫院接受治療，

「那年我長孫也出生了，但比起來，還是這隻小黑跟我最親。」

我在小黑不時緊張、不時好奇圍繞腳邊的情況下，為林先生調整好了活動假牙，另外也幫他補了兩顆齲齒，全程花了四十五分鐘。即便平時到宅牙醫服務多數控制在半小時，但能在山上看到老人和狗狗之間的溫暖情感，讓我也對這樣的退休生活充滿了憧憬。

能自立生活的長輩令人尊敬，當年邁的父母有理想的退休生活方式，作為子女的當然也願意尊重他們的選擇。不過，這次的臨床醫療結束後，我的心情有點複雜。山區的路段險峻，很明顯是老人家無法來去自如的居住環境，而從狗狗對陌生人的強烈反應，也可以曉得平時家裡應該沒有訪客，也許子女們不容易抽出時間訪視。如果子女能提前思考通勤、往返最近醫療機構的交通時間，對長輩的健康管理可能會更有幫助。然而，當我從院子遠遠看到小黑時，情感又是飽滿的。近五年來，有越來越多的高齡醫療照護研究顯示，有毛小孩等動物的陪伴，能讓長輩更願

意接受不同的治療，甚至有機會因毛小孩的陪伴，延緩認知功能退化。小黑可能年紀也不小了，但為了照顧林先生，牠始終擋在主人身前。他們之間是親情的陪伴，是互相依靠的關係，讓我們醫療團隊稍微比較放心，至少現階段，林先生的生活不但安全，且因為有老狗相隨，不至於感到孤單。

離開林先生院子的時候，我刻意搖下車窗，遠遠望著院子裡坐姿端正的小黑，以及正躺在涼椅上的林先生。我們約定好三個月後再回來，重新調整活動式假牙。狗狗對著我搖搖尾巴，叫聲不如一開始心急，希望牠已經認識我了，三個月後不會再因為我們的造訪感到侷促不安。

19 愛情的模樣

我在土城一個老舊社區看到了動人的愛情。

阿銘是醫院轉介過來的到宅患者，長期與小兒痲痺症共處，過去幾年開始常態性地嘴破和牙齦腫脹，在醫院做了口腔黏膜篩檢，沒有發現黏膜異常病變。主治醫師認為可能是阿銘的口腔清潔習慣沒落實，需要每三個月進行一次洗牙。但考量到患者行動不便，醫院先轉介到我的特殊需求者身心障礙口腔醫學門診，由我評估患者的病史，協助完成到宅牙醫申請。

由於阿銘本來就在我們醫院接受口腔治療，我提前看了他的臨床病歷，這次到他的土城住所，可說是得心應手。訪視那天剛好寒流來襲，阿銘貼心地指引我們到社區停車場臨時停車，讓醫療團隊得以更順利快速地抵達住所。進門時只有阿銘在餐桌前等待，他難掩緊張、期待的情緒，一邊和我們打招呼，一邊胡亂清理著餐桌上的各式保健食品和藥品。

「阿銘，你們家怎麼囤積這麼多藥品？都是你在吃的嗎？」我留意到餐桌上異常的狀況。「啊，不好意思，范醫師，家裡來不及整理，這些藥多半是我內人安娜的，我只有吃鈣片和魚油。」

他侷促地收拾著桌面，佝僂背影有了因緊張出現的汗漬，團隊中另一個年輕醫師示意他放鬆，並與他確認適合診療的空間。這時候，大門突然有扭動鑰匙和置物的聲音，隨後走進一位豐腴的婦人，「安娜，這是范醫師和他的牙醫團隊。」阿銘的太太與我們親切打招呼，「你們好。」短短一句話聽起來有點上氣不接下氣。

「范醫師，安娜有第二型糖尿病（註1），這十年體重一直超重，控制不下來，所以我們有嘗試不同的代謝藥物、減肥茶包和益生菌，希望可以讓她體重降一些，不然她現在好辛苦。」

註1：屬於胰島素阻抗慢性疾病，好發於成人，又稱為「成人發病型糖尿病」。根據二〇二三年台灣糖尿病年鑑統計，台灣每年約新增十六萬名糖尿病患者中，有八〇～九〇％皆為第二型糖尿病。患者須嚴格控管血糖，搭配慢性藥物和胰島素治療，改善飲食與運動習慣，才有機會控制體重過重的問題。

「沒什麼啦，就是爬樓梯會比較喘，走路走多些，膝蓋會痲痲痛痛的而已，銘仔想太多啦。」安娜說。

此時助理用眼神暗示我，我也立刻明白他想說什麼。這位有糖尿病慢性疾病的婦人，看起來相當開朗、有朝氣，然而她只是簡短說幾句話，我們就明顯感受到她口臭的狀況。

口臭是糖尿病患者容易出現的併發症，因為糖尿病與牙周病有連帶關係：糖尿病患者免疫功能比一般人差，會讓口腔中的細菌更容易滋生、破壞牙周組織，伴隨糖尿病「口乾」病徵，少了唾液進行自我清潔，通常糖尿病患者很容易出現嚴重牙周病狀況。因此，目前「糖友」每三個月可以到醫療院所進行健保給付洗牙和塗氟，避免因為口腔細菌過多，而影響慢性疾病的控制。

「安娜，我們今天要給你先生洗牙，預計二十分鐘可以結束，你最近有去洗牙嗎？」

「洗牙喔，大概五年沒去牙醫診所了，我跟阿銘不一樣，不能吃糖，所以沒有蛀牙啦，哈哈。」

年輕醫師語重心長地跟阿銘、安娜說明：「蛀牙跟牙周病的菌種不一樣，沒有蛀牙不代表不會出現牙周病。姐姐你又有糖尿病問題，是特別容易罹患牙周病的族群，還是建議盡早到牙醫診所洗個牙順便檢查一下，這樣比較放心。」聽到這席話，原本已經準備好要在臥室接受洗牙的阿銘突然起身，拿著拐杖往客廳方向走去。

「范醫師，可以過來一下嗎？」阿銘這樣喊我，「是這樣的，我行動不大方便，要下樓都很吃力，安娜身體也不好，更不可能扶著我下樓。我聽你們這樣說，才發現我忘了照顧她的口腔健康，今天我的『扣打』（台語，額度的意思）可不可以轉給她？」

聽到阿銘想改變原先的到宅牙醫臨床治療，助理急切地想要打斷他，我揮手示意由我來溝通。

「安娜目前的狀況還可以獨自前往醫療院所，如果我這邊跟醫院說一聲，提前幫她預約，讓她抽個時間到醫院洗牙呢？」

「不用麻煩啦，如果可以的話，今天剛好你們都在我們家，就讓我老婆先洗牙，反正我牙齦的問題也不是一天兩天了，還可以忍。」

此刻我們心底明白，阿銘的要求並非不合理，他從剛才的對話中應該知道，我們都聞到安娜口腔的異味。身為丈夫的他，也許已經習慣了這個味道，但當他留意到外人也都聞得到口臭，心底一定很難過，想要為老婆保留一些面子，害怕她出門採買、與人交談時，會有社交問題。

我轉身問安娜的意願，她急切地說：「千萬不可以！范醫師，阿銘這幾個月牙齦狀況特別糟，他那天睡覺時還跟我說，嘴巴裡一直覺得有血味。你們一定要先幫他看牙，不然我這顆心懸著，沒辦法放下來。」

就這樣，團隊卡在兩位身體不好的夫妻間，瞬間下不了決定，考量到停留時間很有限，以「救急」的診療制度判斷，再加上阿銘堅持把「名額」讓給愛妻，我最終還是決定先為安娜洗牙，並當場與個管師聯繫，請他們將阿銘的治療順延。在確認阿銘不會因為自己先洗牙就錯失到宅牙醫服務機會後，安娜開心地接受了療程。也因為安娜不符合到宅服務的資格，因此當天就沒有讀取健保卡，申報任何的健保給付，就當作今天是義診好了。

這對夫妻讓我想起歐亨利的極短篇《聖誕禮物》，故事中，貧寒的美國夫妻為了準備彼此的聖誕節禮物，丈夫賣掉了配戴多年的金錶，為妻子準備了全套髮飾；而妻子也揣想著丈夫擁有心愛的金錶，但尚缺一個精緻的錶鏈，所以剪掉了秀髮給假髮商人。因為愛情，他們捨棄了自己的局部，甘心成全彼此，希望對方比自己更好。

三個月後，我們又回到土城，阿銘這次的神情看上去變得更踏實，餐桌也收拾得相當整齊。他說：「很感謝到宅牙醫團隊，我內人的口氣清新很多，謝謝醫師們當時有提醒糖尿病跟牙周病之間的關聯。那天我覺得十分愧疚，接下來我一定要更照顧安娜。」

安娜不在家，正忙著為過年購買年貨。這次我們的目標很明確，針對阿銘反覆出現的局部牙齦潰瘍，進行全口洗牙。不到二十分鐘，我就完成了臨床治療，稍微有更多時間環視這個家。看到客廳有兩夫妻開心相擁的合照、展示櫃放著一對陶瓷做的鴛鴦，我欣慰地告訴阿銘：「洗牙之後的一、兩天，可能還是會有小血絲，這是正常的。你之前覺得特別不舒服的地方，被大塊的牙結石壓迫到了，拿掉結石的過程，牙齦溝會有點滲血現象，原則上，一天後就不會再出血了，下一次可以約半年以後。阿銘你不要擔心，牙齒沒問題，你跟安娜也一定會幸福下去的。」

因為愛情，這兩位「老老照護、老老陪伴」的夫妻，在疾病面前，充滿了信心和希望。我知道他們會朝著更健康的生活並肩走著，也因為能夠見證他們的情感，讓我覺得自己的工作十分幸福。

20 還好艾莎發現得早

我在到宅牙醫服務過程中，除了面對不同的家屬、陪患者走過一段臥床的時光外，還結識了許多來自印尼、菲律賓的看護。由於宗教和文化的差異，我很少遇到能符合家屬「理想條件」的看護，這也意味著，也許長照家庭裡的外籍看護（以下簡稱為「外看」）和同住家屬，都是「日久深情」的合作夥伴，長期磨合後，關係趨向穩定，對於長輩的照料才會比較完備。

雖然被照顧者的家屬要花費很多精力教導外看，彼此之間的磨合很累人，但長輩身邊有個二十四小時守護的力量，真的有事情時，一切就值得了。

多年前收到通知，要在大安森林公園附近的公寓進行服務，對象是一位臥床的黃爺爺，子女都在歐洲工作，平時靠著印尼來的看護艾莎協助日常所需。到宅牙醫很重視臨床診療前的訪視工作，我請個管師嘗試聯繫住在歐洲的直系親屬，想確認黃爺爺的病史，「都是艾莎帶去看醫生的喔！我們要再兩個月才會回國，范醫師如果不介意的話，可以將爸爸的到宅牙醫治療延到兩個月後，更久也沒關係，等我們回國再說。」當時的通訊設備並不像現在這麼便利，雖然有WiFi，但海外的收訊仍有些不穩定，我們從話筒間聽不出家屬的情緒，只是被告知患者的狀況沒有看診急迫性。

因為尊重家屬的意願，我們回頭致電給艾莎，她回道：「為什麼需要拖延？家裡有我在，醫生可以過來沒關係。是哥哥說要延的嗎？還是姊姊？」

「是姊姊喲！她說最近工作比較忙，要在歐洲復活節假期時回來，我們可以幫忙安排，黃爺爺依舊可以看牙，只是要再等等，好嗎？」

「可以讓我們提早看到醫師嗎？我打電話給姊姊問問看。我希望醫師可以這個月就先過來看一下。」

從電話上可以感受到艾莎的急切，相較於多數外看，艾莎的口語表達雖然已經很不錯，但我們還是很擔心，會不會是溝通過程，讓她誤以為我們不願意到宅看診。

為了確認情況，我再一次親自打電話給歐洲的家屬，完整表達艾莎的想法，「黃小姐，還是我們可以先安排第一次的到宅訪視，這一次並不會直接開始治療，只是了解一下你爸爸現在的狀況，稍微問診，也看一下家裡的陳設，有沒有需要調整到更適合看診，你覺得呢？」

「好吧，我爸爸都是艾莎在顧啦！如果她願意幫忙開門，你們就跟她討論一下我爸的情況，真的需要查病歷的話，可以請艾莎把爸爸的健保卡提供給你們。平時的用藥，她應該都有留下藥單。」

因為外看的堅持，黃爺爺成為少數家中沒有親屬、只有外籍看護在場就接受第一次訪視的患者。

「樊醫師，樊醫師來了。」

「是樊醫師呀！你們好啊，我是黃柏堅，這位是照顧我的艾莎。」

還不到看診時間，黃爺爺就坐在輪椅上，殷切地守著大門等候，助理婉轉地說：「范醫師，是四聲，不是樊醫師。我們今天來只是先看一下家裡的環境，黃爺爺的口腔狀況真的需要安排治療，我們會跟姊姊聯繫喔！」

「姊姊有跟我說，請我準備好資料。」艾莎勤快地跑到櫃子前方，拿出一本厚厚的資料夾，裡頭裝著這幾年來黃爺爺就診的紀錄和收據。

「黃爺爺，您很棒欸！好命喔，子女教得這麼好，可以在歐洲深耕，您看起來氣色也很好。」

「沒有啦！哪裡有什麼氣色，要不是我倒下來了，我現在人就在國外，你們信不信？四十幾年前，我就已經是資訊工程師了，那時候哪有什麼人會資訊的，還好我在工研院，當年剛好有美國無線電公司來簽技術移轉，我才會知道一些技術和製程。」

「原來您是前輩啊，台灣科技產業現在能夠這麼有競爭力，真的少不了您們的貢獻。」

「什麼貢獻，人老了都不重要，退休後還不是病倒了，也看不到子女們在國外生活的狀況，他們應該也是吃很多苦。」黃爺爺坐在電動輪椅上，跟我們侃侃而談。

「范醫師我跟你說，活到七十以後才會知道，眼前的福氣才叫做真的福氣，你看她……偷偷跟你說，我覺得她就是我遲到許久的夢中情人。」黃爺爺指了指在客廳與助理討論病史的艾莎，「我黃柏堅，一路打拚這麼久，妻子早早就跟別人跑了，嫌我太忙，沒辦法留時間給家庭。後來我病了，子女們像躲避瘟疫一樣逃到國外，能不回來就不想回來，我就剩一個艾莎了。」

很多家庭在聘用外看時，仲介公司都會好心提醒大家要有所戒備，這也沒有錯，在雙方都尚未有信任基礎，也沒有什麼情誼交流時，以較為保守的態度面對外看，初期比較能夠掌握外看的性格，更便於管理。但長期相處下來，如果我們能讓外看感受到自己和家屬是「命運共同體」，是要一起扛下長輩衰老重責的夥伴，彼此也比較能放下心防。有個值得信任的外看在旁邊陪伴，對長輩來說有可能是漫長一天中能夠真實感受到的幸福時光。

「不好意思打擾了，請范醫師過來了解一下。」一個管師和年輕醫師一起打斷了我和黃爺爺。

「這是黃爺爺多年前的醫院健檢報告，當時有診斷出頸部淋巴結腫大，黃爺爺也表示自己有時候會出現嚴重耳鳴，血液檢查看起來有點發炎，但後面就沒有持續追蹤切片檢查了。」

「艾莎，這是你跟黃爺爺一起去檢查的嗎？」我轉頭問了問表情緊張的外看。她回答：「不是我，這是哥哥他們整理的資料。」

「爺爺您最近有沒有覺得吞嚥有點困難？或者覺得喉嚨腫腫的，好像感冒一樣？」警覺性高的個管師趕緊問患者。

「我就是頸部痠痛，但每個禮拜都有去做物理治療，疼痛感會暫時被壓下來，現在吃不了太硬的東西。但我想是因為缺牙，艾莎，是不是因為缺牙，所以你才希望醫生幫我做假牙呢？」

「不是不是！」艾莎眼看沒有辦法詳述黃爺爺的狀況，拉著我和年輕醫師到浴室，拿起患者的漱口杯，表演平常漱口的狀態，「（咕嚕嚕）有血絲，（咕嚕嚕）血很多。」

此刻我們都意識到更為嚴重的潛在問題，沒有心情繼續跟黃爺爺聊天，只請他待在輪椅上，將頭往後仰。礙於原先我們並不打算這次開始臨床治療，我只準備一組簡便的工具箱，裡頭放著平時騎單車用的頭燈，克難地戴上頭燈補足光線後，詳細看了一下患者的口腔和牙齦狀況。

「按這裡會痛嗎？」

「會。」

「好，你右邊有一些破皮和潰瘍，是最近才發生的嗎？」

「一直反反覆覆的，聽跟我年紀差不多大的鄰居說，口水分泌變少了，口腔就容易出現潰瘍，難道不是嗎？」

「嗯……這個我們現在不能夠馬上判定，不過先不要擔心，至少我們今天有來。」

我請助理協助詢問艾莎平時回診拿慢性處方箋的狀況，同時拿起手機，將患者口腔的潰瘍和不明白斑都拍照下來。艾莎告訴我們，只要提前跟在歐洲的哥哥和姊姊打招呼，他們就會幫忙掛號，時間到了之後，她知道怎麼叫車到醫院，多年來都有經驗了。她擔憂地和我們說：「所以才請你們來家裡看爺爺，爺爺不是很好，但我不知道怎麼跟哥哥姊姊說。」

患者的口腔有兩處傷口較大的潰瘍，出現在牙齦表面，口腔內黏膜也有多處白斑，綜合他說的症狀反覆出現，多年前又曾經被診斷淋巴結異常腫大，很有可能是頭頸癌的徵兆。

根據衛福部近十年的統計數據，台灣每兩千人中，可能就有一名頭頸癌患者。頭頸癌涵蓋了：口腔癌、鼻咽癌、甲狀腺癌、喉癌、下咽癌、鼻竇癌等，診斷較為繁複，也可能直接影響到患者的感官功能，若耽誤了就診，最後腫瘤可能會破壞掉五官，造成嚴重的疼痛和頻繁的出血。

助理迅速聯繫上黃爺爺的家屬，他們也同意由到宅牙醫團隊協

\ 潔牙護齒小知識 /

簡易的「吞嚥障礙」居家檢測

長者的吞嚥功能日益退化，很容易引發可能危及性命的吸入性肺炎。要判斷父母等長輩是否有吞嚥障礙，可以做以下簡單的觀察：在正常情況下，當固體食物吞嚥時間超過10秒、液態飲品超過3秒，有可能就代表吞嚥功能異常，此時要再進一步觀察其他日常行為是否改變。有吞嚥障礙的人通常很容易吞口水、吃東西時嗆到，或者用餐時間明顯比以前多出很多，且吃飯後會感到特別疲倦，平時說話開始伴隨卡痰聲，或者乾咳的頻率增加，建議及早到大型醫院復健科或牙科進行檢查。

助轉介，回到恩主公醫院進行完整的切片採檢，還好後來報告沒有惡性腫瘤發生。雖然後來我沒有再到黃爺爺家做到宅服務，因為工作忙碌，也沒有持續追蹤這位患者的情況，但事後回想起來，總是很感謝黃爺爺身邊能出現艾莎。每次開車經過大安森林公園，總是心存感激有這麼多外看願意陪在老人家旁邊，為他們照料生活的一切，還能警覺地提早發現潛在的疾病。

21 消失的假牙

到宅牙醫臨床治療難免會遇到一些挫折，這時我總會想起中和一位八十幾歲的許先生。

許先生多年前就到醫院牙醫部找過我們，雖然當時我並非他的主治醫師，但每兩週醫院會召開內部會議討論比較特殊的案例，年輕的醫師也會藉此機會找我確認個案的治療計畫，當時我對許先生的印象是：完成上顎前牙區四單位的固定牙橋。

緣分真的很奇妙，多年後我居然有機會再次看到許先生的名字，只是這一次是我動身前往他的家，他已經罹患了重度失智症，大概已經不記得陪著我進行到宅牙醫的醫師（就是他當年的主治醫師）。助理說：「醫師，這個case有急迫性，所以我們先將原本今天要看的陳阿姨改期，家屬們也同意了，我們必須趕緊到許老先生的家。」

醫院的事務和會議都很多，要開始臨床治療前，先由其他醫師負責收拾到宅牙醫治療器具，我只有注意到他們特別放了不同規格的牙醫專用鑷子，還來不及多詢問，計程車就已經到醫院門口了。我們保持高效率，迅速將器材放到後車廂然後入座，才剛坐上車，護理師就開口了：「許先生昨天一早起來，說找不到他的固定牙橋了，床上、置物櫃、地板都找不到，在女兒追問之下，他才說很可能是前天晚上吃掉了。」

「吃掉假牙？這怎麼可能呢？」

「還好許先生之前有牙醫就診紀錄在我們手上，也剛好我們本來今天就要去做到宅服務，所以臨時安插他進來，范醫師你等一下問問女兒就知道了。」我詢問患者當年的主治醫師，「應該是四單位的固定牙橋吧？」

「是啊，他也做完固定牙橋好多年了，當時許先生全口只有兩顆缺牙，以他的年紀來說已經算很不錯了。不過，他只在我們這邊完成下顎的缺牙治療，許先生說經濟能力有限，正好他缺牙旁邊兩側的牙齒都還算健康，所以我們就幫他裝了固定牙橋。」

我在車上惡補完患者之前的就診狀況，覺得他有可能是固定牙橋使用年限久了鬆脫，睡夢中不自覺將牙齒吞嚥下去。看到中和的街景和老宅、商店和交通，還是跟印象中一樣，如一張靜置的老照片，這份熟悉感稍微讓我感到安心，也準備迎接即將到來的高難度挑戰。

「許先生午安，我們是到宅牙醫團隊，今天先安排過來看一下你的狀況。」患者疲憊地躺在床上，張開眼睛盯著我們，看起來仍然被吞食了自己的假牙驚擾著。

身為主要照顧者的女兒小涓，協助年輕醫師準備診療器材後，心急地走進臥室。「昨天一大早，爸爸就不吃不喝，心情看起來特別不好。這幾年他有嚴重認知功能障礙，性情也改變很多，經常莫名其妙鬧彆扭。當時我在廚房，也不以為意，誰知到了中午，他從氣憤變成難過，開始嚎啕大哭。我覺得不對勁，半逼迫爸爸說出心事，他才告訴我，起床後就找不到假牙了，也不想吃東西，說我們怎麼都不理他，也不幫他找。」

「你們最後怎麼確定假牙是被他吃進去的呢？」

「我後來實在想不出辦法，一是找不到假牙、二來也無法穩定爸爸的情緒，所以只好讓我先生請假回家。」

小涓是許先生的獨生女，早年順著父親的安排在金融業服務，但工作了兩年就選擇離職，追求藝術夢想。父親知情後，父女因為意見不同而產生爭執，小涓的先生雄恩就成了這對「相依相殺」父女之間的溝通橋樑。

昨天一看到這個狀況，雄恩就很有耐心地詢問岳父，許先生才吞吞吐吐地說：

「昨晚有夢到去龍都酒樓吃烤鴨。」

「那你有吃很多嗎？」

「有，還喝了老鴨湯和鴨粥。」

「那有沒有吃到鴨骨頭？」

「當然，骨頭邊的肉最好。」

夫妻聽完患者這樣說，都有了同樣的想法，昨天就帶著許先生去掛急診。急診室聽到有老人誤食假牙，慌張地轉診至呼吸胸腔科拍攝X光，最終在左胸明顯看到他的四單位牙橋。不幸的是，假牙剛好卡在氣管，沒有滑到胃裡面（睡夢中吞食異物，卡在氣管又沒有馬上醒過來，很可能會有生命危險）。假牙確實卡在氣管並滑落在支氣管下方，當下胸腔外科醫師以支氣管夾「撈」起幾乎沉入肺部的假牙。

我們團隊今天緊急過來，主要是針對患者昨天到急診取出掉到肺部的假牙後，檢查是否還有即將鬆動的牙齒，以及對缺牙區進行清潔與修整尖銳的牙齒外型。假牙會鬆脫，主因多半是被修磨過的牙齒有齲齒或是有牙周病問題，病理性牙齦萎縮和生理性牙齦萎縮同時發生，再加上牙橋使用年限過長，黏著劑不牢固了，需要洗牙後重新評估假牙製作。

「醫師，您等等。」許先生從包包中小心翼翼拿出一個夾鏈袋，裡頭是胸腔外科醫師夾出來的假牙。

小涓接著告訴我：「范醫師，爸爸說他希望繼續用這副牙橋，等等洗牙後，可以直接裝戴回去嗎？」

「不見得適合，這取決於牙周萎縮的程度，同時我們也要檢查牙橋的支撐牙有沒有齲齒問題，如果有蛀掉，還要再次補牙，到時候再重新製作一組新的固定牙橋。」

年輕醫師和家屬溝通的同時，我已經完成洗牙治療，如同年輕醫師評估的，患者有一顆支撐牙可能需要做根管治療，加上舊牙橋底部邊緣已經變形，需要先針對蛀掉的支撐牙做根管，避免細菌繼續破壞牙根，造成更嚴重的牙根尖問題。之後可以考慮重新安排活動式假牙或新的固定牙橋治療。

「許先生，該做的治療我們還是得做，這樣以後才不會夢到吃烤鴨，醒來又發現牙齒不見了。您這組固定牙橋已經用很久了，牙橋平均壽命大概只有十年，超過這個使用年限就可能需要重做。」

「哎，我本來想說可以省一點。」

連裝在嘴巴中的口腔裝置都能省就省的長輩，需要照顧者更細膩地守候，除了每天陪伴長輩一起潔牙、共餐時觀察其咀嚼功能是否改變以外；多使用長照資源，讓到宅牙醫團隊定期訪視，增加一個「牙醫師」家庭醫生，多一份保障，也可以避免更多危險的情況發生，讓長輩可以不用為了找牙齒而鬧情緒、不吃不喝。

我們在第一線見過不同長照家庭面臨的處境，最艱辛的無非是「家屬不能接受長輩需要長照資源」及「家庭成員沒有達成合作的共識」，以我看來，眼前已經是很幸福的長照家庭。

「關注自我」可以重新建立安全感，強健自己的心靈，未來才更能面對失智症充滿考驗的日常照顧。

「家庭成員沒有達成合作共識」也是會讓臨床醫師擔憂的情況，因為每個家屬的理想照顧方式都不同，顧慮也都不一樣，容易在照顧現場發生爭執，甚至破壞了和睦的家庭氣氛。長輩被夾在家人之間，最糟的情況甚至會被「踢皮球」，沒人想要承擔辛苦的照顧和相對龐大的經濟壓力，長輩的照顧品質一定會受到嚴重的影響，這時也沒有辦法細膩掌握長輩實質的需求和生理狀況。一旦出現這種情況，家庭成員應找個適當的時段，面對面分析現實狀況，像是每個人的經濟負擔、可照顧的時間等等。另外，共識難以建立，很多時候是因為每個人對於長輩的「近況」理解程度不同，因此要確認每個家庭成員都可以「平等」掌握長輩的生活模式與變化。

註1：解離性身分認同障礙，是生命出現創傷或劇變時出現的心理防衛機制。每個人的狀態都不同，有些人可以在短時間內調整心態且恢復正常，情況較為嚴重者，則需要精神科醫師或諮商心理師介入輔導，協助克服因矛盾情緒出現的強迫性精神官能症。長照家庭中的同住子女，最有可能出現這類的情況，可能長期都是父母親擔任一家之主，子女為被照顧者，當父母的失智症已經到了需要被照顧時，子女容易因為從「被照顧者」變成「主要照顧者」，發生身分認同上的逆反情緒。

Dr. Fan｜醫｜療｜筆｜記｜

長照家庭的艱難處境

「不能接受長輩需要長照資源」常發生在長輩早期失智與罹患高齡憂鬱症的家庭，長輩的性情通常都會開始有變化，絕大部分的患者會有抗拒感更為強烈的狀況，伴隨睡眠時間變長（類似一般憂鬱症，容易倦怠臥床不起）。

日本精神科權威醫師和田秀樹多年前在川崎幸病院設立「健忘門診」，考量到認知功能衰退、憂鬱的老人家，可能較缺乏病識感，負責照顧的家屬容易出現「解離性身分認同障礙」（註1），提倡：只要正在照顧的長輩開始忘東忘西，或者行為舉止有明顯的變化，都可以先約診進行檢查，實際體驗過的家屬曾表示：「不要說長輩沒有病識感，抗拒走進身心科，作為子女的我們，可能也很難消化父母親正在衰退，需要我們成為照顧他們的人。健忘門診就是一個雙方都能接受的門診服務，更能避免長輩錯過正確診斷和關鍵治療期。」健忘門診也會詳細區分容易被混淆的失智症和老年憂鬱症，由於兩者病徵相近，所以一般照顧者很難區分，但兩者的治療和復原機制都不同。

台灣大型醫院機構目前也會設置「老人門診部」，裡頭的醫師會以家醫科方式進行問診，也是循序漸進讓家庭成員接受長輩需要長照資源的一種方式。

我很注重在討論出長輩照護共識前，先照顧好長輩身邊最親近的家屬，尤其是會不斷看到長輩性格和行為差異的同住者，建議可以適切地外出散心，在條件許可的情況下，與其他兄弟姊妹「輪班」，分散注意力，不需要所有心力都聚焦在長輩的變化上。

22 蠟燭多頭燒的照顧者

彥斌是我的高中同校同學，一次在醫院巧遇他帶著爸爸看醫生，彼此互換了LINE並相約敘舊。他知道我在醫院任職，且服務對象主要都是年紀較長的患者，索性就在港式茶餐廳跟我訴苦了起來。其實對彥斌家裡的情況，我從很久以前就有所了解，他們家有三個孩子，彥斌是老么，是爸爸離婚後再娶的中國籍配偶的孩子，也因為這樣，彥斌剛上高中時，哥哥姊姊早已出社會了。

考上台北醫學大學牙醫系那年，新竹高中舉辦了一次「台北幫」聚會，集結所有考取台北大學的同學。二類組的彥斌順利進入最有興趣的理想志願：機械系，我至今都還記得他開心拿起酒杯，想要慶祝高中努力後終於有成果，沒想到說完「乾杯」後，就被酒氣與酒精的苦澀嗆到，只能尷尬告訴我們，這是他第一次喝酒。那股傻勁和天真的模樣，也是我對他最後的印象。如今過了三十年，眼前的彥斌也有了中年的體態，穿著單色襯衫，一開口就習慣性緊鎖眉頭，看得出來他現在身心俱疲。

相談後，才知道現在的彥斌是單親爸爸，獨力撫養著剛上小學的兒子。與哥哥姊姊年齡相差超過十歲的他，求學時期特別受寵，但如今彥斌的爸爸老了、媽媽又因故回到中國大陸生活，他便成了老爸爸唯一的依靠，目前也是同住的主要照顧者。過去兩年，已經超過九十歲的爸爸罹患淋巴癌，這是一個致病源相當複雜的癌症，而照顧老爸爸的重責大任，自然也落在同住的彥斌身上。

反覆的癌症療程讓彥斌的爸爸瘦了很多，特別是每一輪化療結束後，老人家都會反覆發燒，需要服用的緩解藥物也越來越多。長期下來，性格被身體用藥的不適副作用影響，我印象中待人謙和、說話委婉的彥斌爸爸已經不復存在。因為照顧爸爸、兒子和工作而蠟燭三頭燒的彥斌，有時候也忍不住對爸爸大吼：「我很忙你知不知道？小孩的功課不能不顧吧？小孩也會生病吧？下班回來還得煮飯、做家務。你就不能配合一點嗎？為什麼連洗個澡還要在這邊吵半天！」

彥斌對我說出心中的煩惱：「有時候我真的想乾脆帶著爸爸去死算了。家裡的錢絕大多數都拿去治他的病，我還有一個小朋友要養，單親家庭沒有幫手，他還成天跟我鬧脾氣，不想管又怕他不舒服、怕他哪裡在痛沒有跟我說，每天都睡不好，別提什麼生活品質了。

我問：「有想過找長照資源，請外籍看護，或者送爸爸到日照中心嗎？」

他說：「你們醫生都很理想化，我爸連我的話都不聽了，會聽一個外籍小孩的嗎？日照中心也不是沒有問過，但他是癌末病患，除了居住型機構，不容易找到願意收留的單位，我去諮詢過，轉一圈回來，好像還是只能自己顧。」

一九七〇～一九八〇年代出生的人，也就是所謂的「六年級生」、「七年級生」，正是在長照前線「試錯」的世代。這些人的父母通常已經七、八十歲，但父母過去照顧長輩的方式，如今已跟我們大相逕庭。我們沒有可參照的「正確照顧方式」，也可能是少子化的初世代，可一起分攤壓力的人有限，還要照顧子女的日常起居與課業。會在診間跟我傾訴長照之苦的人，往往卡在多重身分間，對長照習題感到挫折。

然而，我們的這些集體困頓並不會白白浪費，辛苦走過一次長照的每個經驗，都將成為長照教科書的一部分，當我們老了的那天，下一代將更快速地掌握長照資源，知道如何成為更健康的照顧者。

至於彥斌的問題，我之後隨即與團隊討論，為他的爸爸提前申請了到宅牙醫服務。也由癌症照護醫師與負責彥斌家的長照個管師聯繫，讓照顧者保有一個可以暢所欲言的管道，抒發一下長照的壓力。我的老同學彥斌得知有心理諮詢的問診機會，起初相當抗拒，撥打了電話想找我談談。

「你現在回想一下，照顧爸爸最強烈的感受是什麼？」

「是撐著。其實不只是長照這一塊，我的工作、孩子學習表現、經濟狀況，好像通通都是撐著。」

當同住者瞬間成為主要照顧者時，會因為手足無措、無力感，變得厭世和消極，畢竟需要投入心力的事情本來就不只有照顧臥床長輩。最終，照顧者會找到專屬的「公式」，把每天的工作變成例行公事，慢慢忘了躺在床上的是情感連結最深的至親。

一旦出現這樣的狀態，建議不妨先暫停照顧者的身分和工作，勇敢地向外求援。也許是找信任的朋友小酌、找專業醫療諮商服務，重新觀照內心的聲音，休息放空一下，重新找回跟被照顧者之間的情感連結。

對於彥斌的情況，我有深刻的共鳴，不是因為他是老同學，也不全然是臨床常見類似的長照困境，而是我也跟大家一樣，在家庭中分飾多種角色。我的日常工作時數每天大概都在十二小時左右，十餘年前加入居家醫療整合的陣容，有時下班時間還要忙於與跨診醫師溝通、準備相關的簡報與研究資料，家裡的大小事情，有時候hold得也有點吃力。

即使是休診期間，我掛在嘴邊的依舊是工作。跟家人分享在到宅牙醫服務過程中的所見所感，主要是希望孩子們能從中培養對生命的尊重與關懷。直到有一天，許久未見的岳母一見到我，就把我叫到旁邊，我才意識到自己在身兼多職的過程中忽略了一些事。

「綱信，最近都還順利嗎？」

「沒問題呀！現在到宅牙醫服務開始有SOP了，我們的臨床診療越來越有效率，希望接下來我可以服務更多民眾。」

「有件事情，我已經考慮很久了，不知道能不能請你幫忙？」岳母語氣有一些遲疑，像是害怕影響到我的日常工作。

「媽媽，任何事都可以跟我說喔，我一定努力達成。」

「你知道你阿公這一、兩年身體不太好了，經常只能坐在沙發上，手腳都沒有力氣無法行走，你可不可以安排一個時段幫阿公看一下牙齒，需要的話，我可以先申請到宅牙醫。」

當下雖然馬上答應了岳母的託付，但由於看診地點在彰化，屬於跨區看診無法申請健保費用，基於親情我仍會親自出馬，然而我整個晚上都呈現精神恍惚的狀態。

我不曾計算在外頭累積了多少臨床經驗，有多少個案的口腔狀況因為到宅牙醫服務得到實質的改善。年輕的自己懷著滿腔熱血，只管每天在外拚命，一天工作超過十二小時。但岳母一席話和有點忐忑的語氣，對我像是當頭棒喝，打在心頭上隱隱作痛。不管我未來成為什麼樣的牙醫師，不管我有多少成功案例，其實都不敢把自己的家人照顧好。

後來，我到太太在彰化的老家，身為牙醫師、更作為親密的家人，親自為阿公洗牙、調整活動式假牙。記得那時是二〇一八年，新冠疫情發生前一年的事，也是我最沉重、最緊張的到宅牙醫服務。

沒有人天生就是完美的照顧者，我這幾年遇到各種不同的長照家庭，深刻理解照顧者被迫轉換身分會有的不安。藉由跟家庭中的主要照顧者、同住家人問診，我經常警覺到自己做得不夠好的地方，不過，只要不放棄自己和家人，一定可以做得更完整。請記住，你不是孤軍奮戰，當你感到挫折、覺得負荷不了壓力時，請尋求醫療團隊或長照資源的協助。

23 數著日子等你們來

新北市橫溪恩主公護理之家，是我固定會到訪的護理之家。這是以「在地老化」與「社區照顧」理念，提供全人照顧、多元連續性服務，整合長期照護體系的二十四小時全日型養護機構。依據醫院的宗旨：行濟世救人及服務社會之志業，我們定期會到這裡來義診，為住民提供必要的口腔檢查和洗牙。

Cathy嬤是護理之家的「紅」人，從房間的床包、被褥、窗簾到她隨身會穿的馬甲，都是紅色的。一開始到Cathy嬤的房間還有點害怕，刺眼的視覺效果搭配上她喜歡的桃紅色口紅，為我忙碌的臨床工作帶來了一股謎樣的暈眩感。

Cathy嬤看起來精神狀況很不錯，只是她身上安裝著胃造瘻，只能透過灌食管維持一日所需的營養。去年她在護理之家調理身體，目前狀況已經比開刀前更好，經家屬同意，由到宅牙醫團隊和居家復健科醫師共同評估，想讓她有機會重新回到自行咀嚼和飲食的狀態。而我的工作就是在口腔肌群復健過程中，給予定期洗牙、追蹤牙齒健康狀況的必要治療。

「小范啊，你怎麼這麼久沒有來？」

「Cathy嬤，我工作忙，醫院有規定最快三個月才能過來看一下你啦！你都好嗎？有沒有認真在做口腔肌群運動？」

「我就在等著你過來，你看你這麼忙，也沒什麼運動吧？一起跟我訓練舌頭呀。」

對許多居住在護理之家或已經失能的患者來說，到宅牙醫定期的回訪，是他們生命中所剩不多的指望。

聽護理之家的人說，Cathy嬤過去是國標舞舞者，當年在年輕人最流行的舞廳裡，她就是舞池那道最耀眼的光芒。但在九〇年代初，她突然不再出沒西門町獅子林舞廳，只有少數幾個親近的姊妹淘知道她的生命出現了巨變。

「沒有人具體知道當初Cathy嬤的交往對象是誰，聽說是中部做輪胎的業務，固定會跑舞廳找她。他們經常跳完舞後一起看午夜場電影和吃宵夜，但後來那男的就很少出現了，幾個月後Cathy嬤也不再跳舞。」

年輕的個管師不知打哪來的消息，為我補充著Cathy嬤的青春故事，「他們以前西門町的那群朋友，現在也都七十多歲了，說Cathy嬤就是傻，介入別人的家庭，還願意生下孩子。」

Cathy嬤確實有一位獨生女，她也是被女兒接到護理之家居住的。

「阿嬤，我是范綱信醫師，今天要來幫你檢查牙齒，會順便洗牙，你應該很久沒有看牙齒了吧？」

「我牙齒好好的啦，不痛也咬得動，所以就沒有去看。」

「沒關係，等一下可能會有點出血，但只要覺得不舒服，我們隨時可以暫停。」

Cathy嬤大概是聽到「出血」兩個字，遲疑地看了我一眼，我誠摯地鼓勵著她，並用台語把洗牙步驟說明了一次，她從原本的迷惘變成慢慢展露笑顏。

「阿明，你是阿明喔？怎麼知道我住在這裡？」

護理之家負責照顧Cathy嬤的護理師此時正準備糾正她，但被我敏銳地制止了。

「Cathy是我啦，當然知道你在這裡，你很久沒有練舞了吼？我今天過來幫你檢查，沒問題的話，再牽著你去舞廳，好嗎？」

我把自己放進患者的故事中，用台語與她對話，只見Cathy嬤神色顯得輕鬆了許多，也許腦中浮出了喜歡的舞曲，身體微微擺動著，「跳星期二晚上啦，但我跟你說喔，我現在戒菸了，以前在屋前抽菸等你來，你始終都沒有出現，沒意思，就把菸也丟了。」

就這樣，Cathy嬤陷入自己的回憶漩渦中，在那裡，她依舊是西門町舞廳裡最引人注目的明星，所有人都崇拜著她。她穿著紅色連衣裙，自在優雅地隨音樂擺動，我也在狹窄緊迫的病床前開始了洗牙療程。

Cathy嬤在做胃造瘻前，曾經使用六個月的鼻胃管，但後來因為嗆咳狀況，吸入性肺炎風險增高，經專業醫師評估與家屬同意，才選擇滑脫率低的胃造瘻，至今應該有超過一年都以灌食方式維持一日所需的營養。

護理之家的個管師說，她剛入住時，就明顯分不清現實與幻想，也因為不清楚自己的狀況和處境，照顧上需要更加配合患者本人的意願。「范醫師，講好聽點，她總是瘋瘋癲癲的，沒有時序的觀念，所以胃造瘻手術之後，也不會抱怨大家開飯時自己沒得吃，從來不會跟我們討食物。然而最困難的是，她堅持穿著緊身的洋裝睡覺，還想擅自幫別床的住民更換床單，說紅色的比較吉祥。」

我一邊推估Cathy嬤的咬合狀態和口腔肌群萎縮狀況，一邊揣測著她真實的內心世界，整理思緒後才抬起頭與護理師們討論。

「你們知道為什麼眼前這位長輩這麼堅持二十四小時都要穿戴完整的外出服嗎？」

「可能意識不是很清楚吧？這裡很多老人家都是這樣，有各自的堅持。」一位資深的護理師走到我旁邊，拉了一張板凳坐了下來。

「你們講的是普遍現象，但要好好照顧一位行動不便、重病的老人家，先不論他是否有認知功能的退化，我們要先回到他的歷史脈絡中，把那個失落的他找回來，這樣才能夠開啟更良好的溝通。就像我剛才那樣，Cathy嬤沒有任何抗拒，就決定要積極配合洗牙了。」

資深的護理師推推眼鏡，似乎也陷入沉思。

被家屬送至住宿式服務機構的患者，除了年紀大不好照料，更多為中重度失能者，家屬必定是評估無法自主在家照顧，不得不選擇安排護理之家住宿。我常告訴到宅牙醫團隊，要真正幫助機構住民們，不單要提升自己臨床的速度和技能，更要了解他們的背景和家屬的困境。我們面對的不僅是咬合功能日漸衰弱的患者，更是一個個無助的家庭。

Cathy嬤是「心理影響生理」的典型狀況。起初她在家跌倒昏迷，女兒即時發現送醫，經醫師判斷為動脈阻塞引發的缺血性中風，隨即安排手術治療，事後為了讓Cathy嬤在復健期間不至於因為無法獨立進食而營養不良，折衷之下選擇先安裝鼻胃管。

當機構個管師告訴我，Cathy嬤的女兒一年大概只會來探視一到二次時，我們到宅牙醫團隊就察覺Cathy嬤此刻的處境。經過一年漫長的復健，她的血檢報告已趨於穩定，照理說整體狀況應該會越來越進步，但她卻越來越常陷入自己的世界，潛意識想要脫離現實的背後原因，大概也來自她對女兒的愧歉、對自己人生未完之夢的遺憾吧！

面對這樣的患者，到宅牙醫團隊的任務除了協助改善和維持其穩定的口腔健康，還有一個重點：「將他們的幻想和期待化為現實」，因此當Cathy嬤激動地看著我的臉呼喚「阿明」時，我知道當下她誤認的那個人，就是她心中真正的曙光。

居住在照顧機構的長輩，身體機能或許可以因安置和輪班照顧被控制住，但他們心中或多或少會有個缺口，需要透過數著日子、等著那位重要他者的到訪才能彌補。許多家屬並非將老人家棄之機構不顧，就如同Cathy嬤的女兒應該也有自己的難言之隱。那些終其一生都沒辦法實現的愛，只能靠著我們這些居家醫師，頂替著反覆在他們心頭盤繞的名字，讓他們知道未來的日子還能有所期盼，值得為心愛的人持續維持自己的健康。

24 牙齒沒事，還需要到宅牙醫嗎？

身為到宅牙醫師的我，除了要完成診間的工作、下診後瀏覽每週到宅牙醫個案的病歷資料，更艱難的考驗是「溝通」，要站在家屬與照顧者的角度，給予最大限度的專業臨床協助。在十餘年的到宅牙醫工作中，需要直接面對絕大多數長照家庭主要的兩大核心困境：經濟開銷與時間成本，不同的照顧選擇，直接影響到被照顧者的居家生活品質。雖然到宅牙醫師無法為家庭做長照的決定，但透過漫長的溝通，就有可能協調出最理想的照顧計畫。

嚴奶奶是多年來在恩主公醫院固定找我看診的患者，二〇一九年新冠疫情爆發，尚未施打疫苗的她在第一波大流行期間染疫，讓原本體弱的她發生肺阻塞，一度出現急性呼吸衰竭，不但無法獨自出門，睡覺時還要準備氧氣機在床邊。

經過三星期住院隔離，嚴奶奶的情況稍微穩定下來，主治醫師幫嚴奶奶申請了重大傷病卡。考量到平時她就有良好的定期口腔檢查習慣，為了不讓患者生活作息變動太大，我提醒助理們與家屬聯繫，安排嚴奶奶接受定期到宅牙醫服務。

「范綱信醫師我知道啦！媽媽一直以來的牙醫，但到宅服務我們暫時不需要喔。」嚴奶奶的兒子嚴丹回答。

「嚴丹，我知道你和太太平時都有工作在身，可能時間有限，不過既然媽媽已經符合到宅牙醫申請的條件，媽媽又是范醫師熟悉的病患，有病歷資料。我們可以由特殊需求者門診助理協助，幫助媽媽完成申請程序，就算媽媽現在口腔狀況暫時是穩定的，但跑流程可能還要再花上一、兩個月，到時候如果需要找范醫師，我們才能即時安排醫生的班表，不要讓媽媽口腔不適的時候找不到醫生。沒關係，你不需要馬上答覆，這幾天跟太太討論一下，范醫師很樂意幫忙的。」助理耐心溝通。

「我說我媽不需要，她最近胃口不好，而且去年才剛到恩主公醫院調整活動式假牙，撐一下沒問題的。」

嚴奶奶的兒子是醫療的懷疑論者，過去在診間，嚴奶奶就曾經和我分享：「嚴丹什麼都好，我都不操心，上國中以後成績一馬當先，家裡和和睦睦的，我已經覺得很幸福了。但他平常工作忙，每次想勸他跟著我一起來找你洗牙，永遠被拒絕。」

「嚴奶奶怎麼勸嚴丹呢？」

「勸不動呀，後來啊我就在想，先顧好自己的牙齒。早些年沒有辦法，那時候沒那麼多牙醫資源，都是真的牙齒掉了才找醫師。現在這幾顆缺牙就裝活動假牙，但絕對不要再掉牙了。嚴丹從當兵回來後就菸不離身，哪天牙齒比我還差，他大概就會同意定期看牙的重要了。」

醫療從業人員其實都理解，家庭中主要的經濟支柱，通常會是那個最抗拒看醫師的人，除了沒有足夠的時間，更深層的排斥是來自「不想成為病人」。甚至會覺得，只要沒有特別不舒服的地方，就盡量不要到醫院機構定期檢查，免得一檢查出什麼問題，就要開始漫長的治療，搞不好還會在進出醫院過程中不小心又感染什麼疾病。由於我對這個患者的家庭狀況比較了解，聽助理轉達嚴丹的想法，決定暫時不再勸導。

那年中秋節快到時，恩主公醫院牙醫部護理長打了醫院分機給我，「范主任，有位太太從下午就一直打電話過來要找你，請她留言被拒絕，一直堅持要跟你通話，你可不可以先接呢？不然我們等於被占線了。」

接起來之後，電話那頭是焦慮的女性聲音，「范醫師，你大概不認識我，我姓劉，是嚴丹的老婆。」

「喔，是嚴奶奶家的，你們都好嗎？」

「都好……嗯……不對，媽媽狀態不好……」

詳細追問後才知道，嚴奶奶確診後，陸續用中醫進補方式舒緩長期的咳嗽，調養三個月以後，身體穩定恢復。但先前住院的主治醫師特別強調，嚴奶奶除了應該避免到人多的地方，且因為新冠肺炎染疫時曾經出現過肺阻塞，因此不建議上下樓梯，最好以搭乘電梯的方式行動，如果要外出，都建議有陪同的家屬或照顧者。

然而，嚴奶奶休養後有起色，早已經有「三個月定期口腔檢查」的生活慣性，吵著要到醫院掛我的診次。嚴丹和太太實在沒辦法，回過頭來想起個管師曾經提到我是到宅牙醫。

就算平時診次多、醫院內部還有許多行政的事情要處理，但我總是心繫著每位需要到宅牙醫服務的患者。聽家屬這麼一說，想必嚴奶奶現在一定很著急，掛上電話後找了助理，請他們盡快安排去中和的患者家。這次的拜訪，嚴丹的態度與上一次大相逕庭，但依舊很不放心，怕媽媽在治療過程中萬一被口水嗆到，會不小心再次讓已經阻塞的肺部出現感染。所幸嚴奶奶跟我已經熟識多年，也很熟悉牙醫師的操作流程，相當快速地完成了治療。

「看到你，我就放心了。」完成治療後，趁著年輕醫師正在清洗吸唾機時，嚴奶奶刻意在孩子的面前拉著我的手說。

「范醫師，謝謝你不計前嫌，本來我跟嚴丹覺得媽媽可能老糊塗了，這次確診後因為無法自主出門，大概也比較不會急著確認牙齒是否健康，沒想到最後還是得麻煩您。」嚴丹的太太說。

「不麻煩啦，你們媽媽本來就符合到宅牙醫申請的資格，這是她應該得到的醫療資源和保障。」在服務完成後，我沒有忘記跟家屬傳達正確的概念。

此時嚴丹也走到門口想跟我說話：「醫師，想再問一下，像我媽這樣口腔沒有任何臨床症狀，而且過去長年都很照顧牙齒的人，如果接下來要固定進行到宅牙醫服務，是否會涉及到過度醫療的問題？」

原來，嚴丹並非不認同媽媽定期做口腔檢查，也不像嚴奶奶認為的「忤逆父母」。他之所以拒絕讓嚴奶奶一年就診臨床牙醫三到四次，是覺得如果口腔沒有狀況，就應該把治療優先留給其他有緊急需求的人。

到宅牙醫服務有明確的規範，通常只要申請者符合資格，在家屬同意的情況下完成訪視和第一次的洗牙後，就會有個管師記錄患者的就診時間，並安排三到六個月的定期訪視。制定這項規範的初衷，是因為需要到宅醫療的人絕大多數都無法自理生活，甚至多數都跟嚴奶奶一樣持有重大傷病卡。他們的身體狀況可能經常驟變，為了避免突發狀況，藉由定期回訪患者的家，是唯一可以落實「預防醫療」的機會。我們再重新檢視嚴奶奶的個案，她的口腔狀況十幾年來都控制得很好。早年就有良好的衛教意識，讓她在肺阻塞臥病休養期間，即使不方便像過去那樣清潔，當我們回去洗牙時，全口依舊只有單側出現結石。然而，對這樣的患者來說，到宅牙醫仍然具有必要性，有固定的主治醫師清楚掌握患者的病史，讓他們能夠更安心，知道即便身體大不如前，醫師依舊會守護他們的健康。

「牙齒沒事，還需要到宅牙醫服務嗎？還是可以暫緩，將名額留給其他人？」這個答案清晰可見，到宅牙醫的工作，除了預防臥床者和失能者出現不可控的口腔疾病，更是一種對託付的堅定回應。

25 媽媽會一輩子照顧我嗎？

汐止區的患者貝貝跟我的女兒同年，不同的是她已經離開學校體制將近六年了。她出生後不到一年，就確診第一型糖尿病，每週都需要在家裡施打人工胰島素，貝貝的媽媽曾經說：「我的孩子跟其他小朋友最不一樣的地方，是她還沒有上幼稚園大班，就已經很熟悉打針的步驟。」

升上小學後，貝貝因為長期使用人工胰島素，皮膚開始出現嚴重程度不一的紅斑，胃口也比發育階段的孩子差很多。還好她有個幸福的家庭，貝貝的媽媽總是把她打扮得像個小公主，提供適合的學習資源，讓她沒有因為先天糖尿病而影響到心智發展和心情。我認識她之後，她也一直保持開朗純真的模樣。

然而，二年級的體育課，卻改變了貝貝的一生，雖然家長都有將她的身體情況告知校方，校方也很照顧孩子。但個性外向、愛玩的貝貝，在看到同學開始學習打躲避球後，主動表示自己也想打一局。班上的同學雖然年齡小，不大清楚貝貝實際的病況，但都知道要特別照顧她，沒想到，那場近似慢動作的躲避球練習，居然可能成了貝貝這輩子唯一一次打球的體驗——她在球場上癲癇發作。

體育課後，校方緊急通知貝貝的家屬，也叫了救護車帶貝貝到醫院急診室。雖然狀況穩定下來了，但貝貝從此要面對「後天性癲癇」的問題。

「我已經想不起來，那段時間跟貝貝他爸是怎麼熬過來的，但我們兩個大人用無數的眼淚，至少換回了自己的孩子。」貝貝的媽媽這樣告訴個管師。

經糖尿病主治醫師評估，貝貝並不適合就學，校方沒有辦法提供隨行的醫護人員，即便她的書包裡常備胰島素和少量的巧克力控制血糖，但課表很難依據貝貝的身體狀態規劃，只要她多吃了午餐或小點心，就有可能誘發神經系統病變。

考慮再三後，完成小二上學期的課業，貝貝就開始了在家自學的生活，並由媽媽陪伴著他，規劃和建立專屬的學習進度表。這樣的生活看似如常，實際上在自學後，貝貝幾乎沒有機會出門，「外出」對她而言是很大的心理負擔，就算有媽媽或短期居服員陪同，只要一到人多的地方，貝貝依舊會馬上出現癲癇的狀況。

嚴重癲癇導致的身體功能障礙，不分年齡都符合到宅牙醫申請資格，貝貝又正值牙齒生長的階段，因此家屬希望能透過我們的服務，維持貝貝的口腔健康。

二〇二一年，我第一次接觸到十歲的貝貝，她跟爸媽說的一樣活潑，眉宇間散發著自信和聰穎，比在牙科門診裡的同齡孩子更穩定。她可能知道我們這群醫療人員要幫她檢查正在「混合齒列期」（註1）的牙齒，還從浴室拿出自己的潔牙用具，詢問同行的年輕牙醫師，自己的牙膏、牙刷夠不夠好。

準備就緒後，我才與貝貝坐下來聊天，她看到媽媽走進廚房切水果，突然在我的耳邊問一句：「范醫師，我想知道，我現在身體這樣子，媽媽會一輩子照顧我嗎？」

對重症孩童最殘酷的現實面，不外乎他們的主要照顧者最終沒有辦法陪他們走完人生。貝貝才十歲，對死亡、生命進程的概念還很模糊，但她小小的內心世界，

註1：混合齒列期為孩童六～十二歲牙齒發育的第二階段，恆齒會逐漸代替乳牙，口腔內同時存在乳牙和恆齒，因此稱為「混合齒列」。這時家長宜特別留意，避免孩童出現嚴重乳牙齲齒，導致牙齒神經壞死，可能會破壞恆齒的牙胚，造成恆齒萌發後就被細菌感染而產生一萌發出來就脫鈣或齲齒的情形。

已經隱約在害怕自己最依戀的母親，會不會因為照顧她的疲憊感，有一天不再愛她，又不敢直接詢問媽媽，藉著醫療團隊進駐，用悄悄話的方式問我。

「你經常這樣擔心嗎？」我小心翼翼問著她。

「還好啦，有時候會看到媽媽很忙，或者偷偷看到她在房間掉眼淚，就會跟自己說，我要聽她的話，長大後要成為照顧她的人。」

對應到貝貝媽媽先前告訴我們的，孩子很乖順，甚至從來沒有問過為什麼其他小孩可以在學校吃很多零食，自由自在，自己卻一定要定期回家打針，嚴格紀錄每一天的飲食。想像一下，一個十歲大的孩子，怎麼可能不會因好奇心驅使，選擇探索新的事物？怎麼可能不偶爾調皮？小患者願意聽媽媽的話，是因為她已經了解，自己的身體狀況讓爸媽相當操心，透過聽大人的話，希望可以「把媽媽留下」。也因為這樣早熟的心智，貝貝對看牙的配合度也超乎同齡孩子，我們在第一次診療就順利幫她移除已經鬆動的後排乳牙，術後詢問會不會痛？她只回答：「謝謝范醫師。」語氣平和又善解人意。

很多人聽到長照資源或到宅牙醫服務，會直覺聯想到高齡臥床者，實際上，只要患者清醒時，有一半以上的活動被限制在床上或輪椅上，且有明確的臨床牙醫就診需求，都有機會能夠成功申請到宅牙醫服務。

像是貝貝這類小患者，在家雖然可以自如行動，但只要一外出、受到外在刺激，就極有可能癲癇發作。若評估後主治醫師判定，患者無法配合在醫療院所的牙醫診療空間完成治療，就符合到宅牙醫申請的範疇。另外，嚴重自閉症、重度發展遲緩、中重度身心障礙的兒童，都能夠在家裡進行牙醫治療。

「貝貝媽媽，我有兩件事情要跟你討論一下。」換掉隔離衣，確認這是今天最後一場到宅牙醫服務後，我留下更多時間向家屬說明：「貝貝的右後方乳牙已經明顯鬆動，考慮到若她出現癲癇症狀，牙齒有可能被咬斷，因此今天已經提前移除。我們也協助止血了，今天暫時不要刷到拔牙的牙窩，明天基本上就可以恢復正常的飲食和清潔習慣了。」貝貝的媽媽雙手合十，感激地說不出話。我繼續說：「你有一個很棒的孩子，她很願意與我交流呢。」

「是嗎？謝謝您們的稱讚，她已經一年沒有到學校融入團體生活了。這一年來，我跟她爸爸花很多時間陪她聊天，盡可能想要維持她的社交能力。貝貝以前的學校老師非常好，偶爾會邀請她的好朋友視訊，我覺得幫助很大。」

「你們創造了有愛的環境，孩子是感受得到的。不過，剛才她有向我坦露小小的心事。」隨後我請眼前的母親要有心理準備，盡可能不要有太強烈的情緒反應，緩緩轉達孩子稍早跟我說的話。貝貝的媽媽雖然沒有明顯的情緒起伏，卻陷入了沉思。

「另外，我剛才也初步看了目前已經長好的恆齒生長狀態，有些微歪斜，排列不是特別整齊，我想有可能是貝貝時不時癲癇，咀嚼記憶讓她習慣單邊咬合造成的，現在還要再觀望一下，盡量先改正她單邊咀嚼食物的習慣。」

「范醫師，到宅牙醫是不是沒辦法做矯正治療？」

「是的，因為矯正治療需要用專業的醫療設備先做三百六十度環口X光片、口腔掃描讀取影像後，讓矯正醫師規劃出適合孩子的矯正治療。」

「謝謝您跟我說了這麼多，牙齒生長凌亂這件事，我和她爸爸去年就有觀察到。我們會聽范醫師的意見，平時用餐調整她的咀嚼行為，至於您剛剛告訴我的，我確實對未來的照顧沒有任何把握。」

貝貝的主要照顧者是媽媽，媽媽心裡在想的事情，我是完全可以理解的。年輕醫師拍拍媽媽的肩為她打氣，我則是建議她記得多照顧自己、保持運動習慣會更好，現階段一定要讓年紀小的貝貝擁有踏踏實實的安全感。

貝貝這時候從房間走出來，發現我們還在客廳說話，逕自走到媽媽的身邊。

「拔完牙啦，醫師們技術很好，說你很乖，明天我們就可以正常吃飯了。」媽媽摸摸貝貝的頭。

「他們好厲害。」跟媽媽說話時，貝貝暫時不像那位超齡的冷靜患者，而是一位撒嬌的小女孩。「范醫師、媽媽，長大後我也想要當醫師，我想好了，到時候媽媽不能照顧我，但我可以照顧她。」

身體受到病痛所苦的孩子，即使年幼，對身邊的事物還是有豐富的感受性。貝貝是幸運的，媽媽在得知孩子有先天性糖尿病後，就全天候地陪在她身邊。當主要照顧者和每一位需要特別照顧的孩子，處於不安和焦慮，或害怕無法面對未知的身體病徵時，請記得找更多長照資源，提早申請居家醫療整合服務。就算有一天貝貝的媽媽也老了，沒辦法看顧她，還有年輕的到宅牙醫師能幫忙盡一份心力。

26 老老照顧的艱難

炎熱的夏季是很多人出國旅遊的旺季，而這個季節通常是我承接更棘手到宅牙醫臨床個案的時候。

患者敖先生明年即將九十歲，孩子不在身邊，平時由堂弟作為主要照顧者，是標準「老老照顧」的家庭。早些年，堂弟身體還很硬朗，有能力揹著九十歲的堂哥。敖先生雖然因為年紀大、肌少症而無法行走，但身體各項生理數值都非常理想，體現出主要照顧者平時的用心。

二〇二〇年，我接到敖先生堂弟的電話，剛接聽的過程並不是很順利，除了收訊關係，一時之間對於電話那頭的山東口音並不是很熟悉，只知道對方很心急，希望由恩主公醫院協助家中的患者。

助理很快地安排到宅牙醫申請，也順利約好訪視的日期，但當天到了患者的家中，我才了解實際的狀況。敖先生家裡的成員很單純，他跟堂弟從小關係特別緊密，他父親當年帶著弟弟來台，兩個人都是榮民身分。父親後來在台北成家，但敖先生的叔叔並沒有找到理想的對象，年過五十才找仲介媒合公司介紹越南籍女孩。

在那個動盪的世代，每個來台的人都以能在這片土地深耕為目標。敖先生的叔叔也不例外，對他來說，婚姻並不需要有愛情當基礎，只要處得來、能實現成家夢想就好。在與越南女孩見第二次面後，叔叔便與仲介公司商議婚禮細節，越南那邊對他的印象也不錯，就這樣完成了婚事。

「父親總說，直到我出生之後，他們夫妻才終於能夠順暢交談。以前生活不容易，媽媽幫家裡做生意，我記得每天晚上她在父親入睡後都還在客廳算帳。他們只生我一個，父親嚴厲、媽媽總是很忙，所以我也沒敢多找他們。上小學以後，父親突然決定把我丟到大伯家，從此以後，我就跟堂哥一起上下學。」敖先生的堂弟說著過去的事。

「所以你跟敖先生從孩提時期就生活在一起嗎？」

「堂哥中學住校。我們家族成員不多，大伯母去世以後，大伯就開始晚歸。堂哥覺得他已經長大了，立志考取師專，那時候我們每個月都吃著師專固定發給學生的米，公費生還有一點點額外的零用金，就這樣撐過來了。」

我環視兩兄弟現在居住的三峽頂樓加蓋公寓，四周的家具看起來相當有年代，可以理解眼前臥床的堂哥、八十歲的堂弟之間的情感連結。

「醫師，我堂哥真的是很棒的人，他後來在學校當老師，還一路當到主任。我比較不愛讀書，後來也是他透過關係，讓我能夠在小學當校工。這十年他老了，我本來就應該照顧他，我不會覺得很辛苦，這樣安安靜靜生活著，反而覺得很幸福。」

堂弟擔任主要照顧者已經超過十年，甚至是因為敖先生開始出現輕度認知功能衰退才選擇退休，專注照顧堂哥。現在堂弟的精神狀態雖然很好，還能有條理地說明家裡的狀況、過去的點滴，但可能因為長年照顧、早年又是辛苦的校工，他有嚴重的駝背，也有肌少症的潛在問題。

我們以張口器輔助的方式，先詳細了解敖先生的口腔狀況，正如堂弟察覺的，他雙側後牙的牙齦有發炎、紅腫的病徵，使用牙周囊袋探針初步評估，目前應在中重度牙周病的進程，牙齒可能有鬆動的危機。

然而，到宅牙醫並不能提供進階全口牙周病治療，主要是因為治療前需以完整的X光片拍攝影像，才能具體提供適合患者的治療計畫。但若要堂弟帶著敖先生到恩主公醫院，似乎又不大可能。團隊在現場討論後，決定與醫院特殊需求者身心障礙口腔醫學門診聯繫，確認復康巴士的時間。

「范醫師，其實我有去問，也有恩主公醫院接駁巴士的時間表，但家裡的困難是：如果要我們兩兄弟乘坐接駁巴士到恩主公醫院看診，我可能需要揹著堂哥下樓，才不會讓大家等待太久。您也知道我住在頂加，下樓的過程有太多變因，我沒有把握可以順利揹他下來。」

「也對，那看來我們也不適合搭乘接駁巴士。但你堂哥的情況，如果不趕緊處理牙周病，牙齒在睡夢中鬆脫，很可能會有吞牙的危險，這是我目前最想預防的事。」

第一次訪視只完成基本的洗牙治療，儘管發現敖先生實際的口腔問題，卻沒辦法當場協助。這對兄弟的事情成了我心頭記掛的一件事，隔週趁著醫院中午會議時間，我特別把當天拍攝的口內照分享給大家，希望能集思廣益，想辦法治療這位長輩患者，讓他們兩兄弟可以更安心地生活。

「這樣吧，我們特需門診是有能力處理敖先生的口腔情況的，最困難的在於怎麼抵達恩主公醫院，但其實也沒有那麼複雜和困難。」我打破會議的沉默，「如果我們走小巷道，從患者家步行到中山大樓大概二十～二十五分鐘，請助理先安排特需門診時間，我會提前聯繫敖先生他們，由我和年輕的到宅醫師一起去接他們過來。」

我的想法當下可能沒有得到所有人同意，部分助理考量到我的工作已經很忙碌，加上天氣很炎熱，特別出動去接患者，對他們來說似乎並不是最理想的選擇。但經過我們訪視的討論、會議提案，確實找不到其他方法。八月初，我們確認診次後，順利抵達敖先生的家，堂弟已經準備好輪椅，年輕的到宅醫師負責揹患者下樓，我則負責扛輪椅，尾隨在堂弟的身後。

至今都記得，年過八十的堂弟在前往醫院的路上，不斷為我們指路、指揮交通，雖然這一行只有四個人，卻好像傳統廟會、遶境那樣熱鬧。我知道自己的決定對醫院來說是「艱難的放行」，但對於堂弟來說，這大概只是日常照顧中一小段艱難的路而已。跟著他手指比劃的方向前進，年輕醫師小心翼翼推著輪椅，我們身上的汗水不來自炎熱，而是來自內心想要幫助患者的熱情。路途比我原先規劃的還要遙遠一些，除了要避開車潮，我們也盡量選擇比較平坦的人行道，讓許久沒出門的患者不會因為顛簸在抵達醫院前就感到不適。

牙周病的治療很順利，敖先生整體身體狀況良好，年近九十歲還不需服用中老年人常用的骨鬆藥物，術後傷口止血控制理想，大約一小時後就可以準備離開醫院回家了。傍晚時分由我推著敖先生回家，他坐在輪椅上，眼神柔和、微微泛著笑意，亦步亦趨的堂弟依舊積極為我們開路。對我來說，這只是舉手之勞，但對敖先生來說，能在這個年紀從沒有電梯的頂樓加蓋公寓下樓，有專人接送到醫院看診，再順順利利回家，原是只有夢中才能重現的事。「你的年紀應該也符合到宅牙醫服務的申請資格了，處理完哥哥的事，接下來要不要也為自己多做考慮呢？」路上我轉頭詢問堂弟。

堂弟的側影帶著衰老和疲倦，但在聽到我的話之後，眼神又充滿光芒，「是啊，哥哥現在口腔不會不舒服，我也鬆一大口氣了。范醫師，你的團隊服務真好，但我希望不要再為難你們，我現在還可以自如行動，等哪一天我跟堂哥一樣臥床，就來申請長照資源。」

「其實只要符合先決條件，我會建議你現在就先申請，到宅牙醫服務可能需要等待約一個月，中間還需要送審，我們的使命是幫助中高齡的民眾能夠實現預防醫療。」

「好！趁著我現在腦袋還清醒，也會使用手機，晚上回家就來申請，謝謝你們。」

老老照顧已是目前台灣社會的常態，敖氏兄弟已經很幸運，彼此有深切的兄弟情誼，願意共享生活的酸甜苦辣。我們在臨床上看過更多老老照顧的個案，主要照顧者深受生活壓力之苦，自己的身體可能也有慢性疾病，但因為另一方已經臥床，必須撐著孱弱的身子，扛下所有照顧的重責。他們往往會陷入無助、憂鬱的困境，更需要醫療人員的支持性服務，從分科評估到跨科別治療，陪伴這樣的家庭走過一段艱難的路。

27 總有一天，我會再次站起來

憲忠是我在台北醫學大學醫學系的學弟。讀研究所時，年輕氣盛的我不但多上了好幾堂醫學系的通識課程，更參加了服務性社團。而憲忠那時候剛滿二十歲，雖然比我「幼齒」，但他從中學就是田徑校隊，參加過全中運兩百公尺男生組，不分四季都在鍛鍊身體。所以在學校的時候，我都叫他「教練」。當年我們都熱衷於當家教掙零用錢，兩個人在夏天存夠了錢，到電信行買下暱稱「小海豚」的摩托羅拉手機。其實不大會有人真的打手機給我們這種北上念書的窮學生，所以我最常接到的電話，就是憲忠天一亮就熱情地呼喚：「我們先去跑十圈操場再去打球，怎麼樣？」

有小海豚的那幾年，我的體能大躍進，雖然想不起來當初是什麼原因而著迷於運動，但很顯然地，身邊有個「教練」，不認真訓練體能也是滿困難的。畢業後五年，我的生命像是在趕進度，結婚、女兒誕生，一路到成為恩主公醫院牙醫部主治醫師，沒有太多個人的時間，小海豚手機也不知道被落在家裡哪個角落。憲忠雖然加了我的臉書和LINE，但被分發到基隆擔任胸腔科醫師的他，即便依舊是我的體能教練，我們兩人也很難再有機會並肩在操場慢跑。

隔了好幾年沒見，我從一個學妹的臉書上看到：憲忠去年參加台北馬拉松，在距離大會終點不到兩公里的地方倒了下來，倒下前依舊用手壓著貼在衣服上的「二二五〇」選手號碼牌，似乎是下意識想要再次爬起來跑完馬拉松。

醫院對他的診斷是：紅斑性狼瘡併發糖尿病，血糖因空腹路跑而失衡。在那之前，憲忠始終堅信自己的體格健壯，再加上臨床壓力大、工作抽不出時間，有好幾年都沒有認真檢視自己的身體狀況，因此那次的意外和送院檢查後的結果，對他來說像是一場惡夢。他一度認為是醫院診斷失誤，轉院到台北還是得到了同樣的結果，跨科別檢查後，甚至發現可能還出現了紅斑性狼瘡常見的「心包炎」。醫師建議他每日工時不得超過六小時，急性發作時要在家裡休養。

得到無法根治的重大疾病，對一位醫生來說是相當殘忍的現實。致力醫人、奉獻於醫療，最後身體也敗給了疾病，對於愛運動的「教練」而言，身體的疾患是巨大的創傷，無法相信自己才四十出頭，就被宣判再也不能進行劇烈運動。

我用醫院電話打給他：「憲忠，我綱信，你先不要說你那個習慣的通話開場白，我已經知道狀況了，讓我去看看你好不好？」

「學長，不用啦，你不是很忙、平時有很多會議嗎？我才壯年而已，你先去幫助其他更需要協助的長輩啦。」

這是認識他這麼久以來，憲忠第一次拒絕與我見面，但大概也是頭一回，我相當堅持要去見他。

「你不見我，我還是會去找你喔！已經跟恩主公醫院個管師這邊聯繫了，他們會先安排家訪。」

「綱信，我也是醫師，知道怎麼照顧自己，真的不需要。」

「你是胸腔科的，有你自己的專業，但身為多年的老友，就當作老朋友見見面也好，站在全人治療的角度，只要知道你符合長照二・〇資格，我覺得自己就有使命要告訴你這個權利。」

憲忠在電話那端出現難得的沉默，向來開朗的人突然安靜，有可能代表我說的話正好戳中了他的心事，不等他回覆，我接著提出顧慮：「你大概也知道吧？大約有九到四五％的紅斑性狼瘡病患會出現口腔潰瘍的問題，不論是口內或口外潰瘍，都會明顯感覺到不適。我先過去幫你做個全面的檢查，如果口腔黏膜有異常，也可以隨即轉給口腔外科醫師做後續檢查。」

經過這番提醒，電話那頭已經從原本的抗拒到默默接受，但為了不讓倔強的憲忠尷尬，我馬上轉移話題：「就這麼談妥，後續就讓個管師負責了，在見面之前，你都要好好養病喔！」

友誼存續了超過二十年，我們倆的關係，從每次都是他鼓勵我運動，到現在是我堅持要憲忠申請到宅牙醫服務，真是殘酷的翻轉。終於在畢業第十八年，我們有機會重逢，但卻不是在球場或運動場，而是在憲忠位於新北市汐止的住處。當我真的見到老友時，很慶幸自己有所堅持，此時的他已經癱軟在床上，全身因免疫系統失調，皮膚遍布瘀青和紅斑。憲忠的老婆告訴我，他的狀態時好時壞，季節轉換時特別容易疲倦、關節疼痛，會突然無力自主活動。

另外，因第二型糖尿病需每日定時定量施打胰島素，憲忠出現了眩暈症的副作用，胃口變得很差，似乎食物再也不是用來享受的，只是為了要盡量控制血糖平衡，為了養病而吃。這讓我相當不捨，也責怪自己這麼多年，居然沒有多與他相約吃飯。

「老弟啊，你牙周腫腫的，平常會痛嗎？」

「那算什麼？你看我嘴唇和口內的潰瘍狀態，還會在乎牙周浮腫嗎？」

「少在那邊撐，你再繼續拖下去，嚴重牙周病是有可能會掉牙齒的，知不知道？」跟憲忠一起在他的臥室，就像好久以前我們運動完會到他的租屋處休息聊天一樣，只是這回有疾病阻隔，我很害怕因為病魔，憲忠會失去原先我認識的模樣。

戴上看診專用的頭燈，我用張口棒撐開他嚴重脫皮的嘴唇，盡可能放輕力道，迅速協助他洗牙。憲忠也相當配合，坐在床邊用雙手支撐著身體，用盡力氣保持不動，讓我們團隊可以順利看清楚他的口內狀態。

這次的臨床治療對我來說是非常辛苦的，眼前的病患是曾經讓我變得健康的學弟，但他的狀況並不理想，除了身體的紅斑與瘀青，糖尿病更有可能讓牙周狀況惡化。我盡可能維持冷靜和理性，但腦裡依舊不斷浮現二十幾歲的我們在體育館前伸展的畫面，那時候身邊沒有醫療器材、沒有定期要服用的藥物，只有樹蔭和微風。憲忠曾經問我：「你覺得你可以堅持運動到幾歲？四十歲？標準會不會太低？」如今才剛過四十的他，卻已經是躺在病床上，需要靠胰島素針劑、大量類固醇控制病情的到宅牙醫患者。

他體貼地說：「綱信，你會熱嗎？我叫老婆來開冷氣。抱歉啦，我最近比較怕冷。」

我沒有告訴他，我在臨床現場暗暗拭淚。

完成洗牙，我特別註記在病歷上，憲忠屬於需要特別追蹤後牙穩定性的病患，因為到宅牙醫服務的法規限制和他此刻的身體狀況，讓他沒有辦法前往醫院做深層的牙周病治療。我替他在後牙區牙周腫脹較為嚴重的囊袋底部放置牙周藥物（註1），一邊整理器械，一邊叮囑著。

「我們三個月之後會再回來追蹤你的狀況，今天才剛洗完牙，這兩天可能會有局部牙齦出血的狀況，這是正常的，不要擔心。如果三個月中間出現任何不適，除了聯絡個管師，拜託也打個電話、傳LINE告訴我你的狀況。」

「你什麼時候變這麼囉唆？是多想接到我的電話啊？」也許憲忠剛才也想起了年輕時的點滴，或者洗牙之後放下了心中的一件事情，整個人狀態輕鬆了不少。

我們相互叮嚀要照顧身體，憲忠也答應，如果接下來三個月口腔有任何狀況，都會即時讓我知道。離行前我突然想到年輕時的默契，折返回他的臥室，發現他已經伸出手等著了，「真有你的。」我們像年少一樣緊緊握住彼此的手，兩人都會心地笑了。

約莫三個月後，得知老友取消了到宅牙醫的回訪服務，擔心有突發狀況的我直接撥了電話，「憲忠，你有發生什麼事嗎？」

註1：常見的牙周病臨床專用軟膏為「百利口靈」（Periocline）。在診療室中，醫師可能也會將其他相同成分的藥物適量注射在牙周囊袋的底部。然而在使用上，宜先評估病患的全身狀態，且一旦有過敏反應，都需立刻停止使用。

「來不及跟你說，你這麼注意每一個到宅牙醫患者喔？」

「那當然，臨時取消看診的到宅牙醫患者，通常可能都表示身體出現其他的緊急狀況，我想說不用勞駕助理致電了，直接LINE你比較快。」

「綱信，你擔心這麼多事情，人會老得很快喔。我沒事啦，這陣子已經可以下床了，有慢慢變好，想出門直接去醫院找你呀。」

憲忠不愧是醫師，那天洗牙後，他就查了許多糖尿病患者的口腔問題（註2），也了解糖尿病的糖化終產物很可能對牙周組織帶來更大的破壞。他同時查詢了到宅牙醫的臨床治療範疇，深知即便自己已經有中度牙周病，我依舊很難居家進行必要的手術治療。所以他下定決心，認真服藥，也更好地安排休息時間，紅斑性狼瘡狀況得以控制下來。他也隨即安排到恩主公醫院抽血，並預約我的診次。

憲忠這三個月特別認真清潔牙齒，洗牙後新生成的牙結石並不多，我在診療前反覆確認了血檢報告，在安全的情況下開始針對後牙局部牙周感染，進行傳統的翻瓣手術（註3），全程只花了大概半小時。兩個步入中年的運動夥伴，在診療室完成了一次特別的「健身」活動。

「下次見了，范醫師。」愛開玩笑的「教練」在我的診間，難得稱我醫師。

「你的狀況還不錯，如果之後沒有申請到宅的話，半年之後再回來看一下口腔狀況就好啦。」背負著「醫師」頭銜，我仔細地回覆，「欸不是，你真的只想在診間見到我嗎？」憲忠從診療椅上坐了起來，伸手抓了自己的拐杖，「總有一天，我會再度站起來，然後打電話約你晨跑，你可別爽約喔！」

我望著認識超過半個人生的朋友，目送他離開診間。因為一場口腔治療，他得到了莫大的鼓勵，就像他曾經鼓勵我再多跑一圈操場那樣，我們會一起健康地變老。

註2：牙周病是相當常見的慢性疾病，致病源多為牙菌斑。近百年來，對於糖尿病的學理研究發現，糖尿病與牙周病有雙向關係，糖尿病患者有更高的風險，可能罹患牙周病，且在糖化血色素超過八%的情況下，牙周病惡化程度是一般人的將近三倍。也因此，糖尿病患者通常需要新陳代謝、內分泌專科與牙醫師跨科別診療，控制血糖和牙周組織的健康。

註3：於牙菌斑感染部精準切割牙齦，並將牙齦翻開，在更徹底看清楚牙根與齒槽骨的狀態下，有效清除牙菌斑和受到感染的牙周組織，降低牙周囊袋的深度，維持牙齒的穩定性。

28 外籍看護不是不聽話

二〇二一年四月，我突然發現近期新北市社福單位安排的到宅牙醫病患，幾乎都是長輩獨居在家，由外籍看護（以下簡稱「外看」）提供日常生理需求的協助，照護模式與十年前有很大的不同。到宅牙醫又是居家醫療的前線團隊，在口腔衛教、潔牙方式等宣導上，也因為語言不通而發生了很多衍生的問題。

台北市大安區一位日本籍奶奶，是我們長期照護的患者，在台已久的她，能夠流暢自如地用中文表達身體狀況，然而新聘僱的印尼看護，卻完全聽不懂中文，即便我們詳細解釋奶奶的口腔狀態，依舊不能確定看護是否能完全理解。奶奶曾中風，目前手腳不協調也無法獨立活動，雖然有配合復建科醫師提供的運動建議，每天的潔牙仍需要看護的幫助。

這次回診時，發覺奶奶的結石又增加了很多，看得出日常潔牙方式不正確。我們在結束居家洗牙後，隨即請印尼看護示範一次平時的刷牙給團隊看，意外發現她不但已經忘記上回我們的教學，甚至還讓日本奶奶直接吞入漱口水。當下我們只好再次指導，並希望看護能把每一個步驟都用手機記錄下來，避免患者又出現嚴重結石的問題而影響牙周健康。

實際參與居家醫療，才知道長照家庭需要什麼樣的資源。在我的臨床經驗中，很多患者的口腔狀況並沒有被外看照料好，而長期口腔不潔造成的缺牙和牙周病，都有可能讓失智症進程加劇。到宅牙醫團隊與新北市政府以及新北市牙醫師公會討論後，推動了「口腔保健零死角」影片（註1），內容包含了臥床與無法自行做口腔清潔患者的口腔照護，另外聘請了專業的翻譯團隊，將這些資訊整理成多國語言版本，讓未來的到宅牙醫師不再需要於居家環境中反覆進行潔牙教學。

註1：為推廣口腔健康的重要性，新北市政府與社團法人新北市牙醫師公會共同製作針對新住民孕婦、嬰幼兒、特殊族群之口腔保健系列影片，歡迎推廣運用。參考「新北市牙醫師公會」Youtube頻道，請上http://bit.ly/新北市牙醫師公會。

很多家屬會找我們傾訴，因外看沒有做到完善的照護，糾結於是否要更換外看人選。其實外看有可能不是不聽話，而是沒有足夠的口腔衛教意識，不了解口腔疾病與心血管疾病、腦部智力退化等息息相關。我們會積極製作更多宣傳內容，翻譯成外看熟悉的語言，讓他們能夠更設身處地為患者著想，共同守護長輩的健康。

我也想提醒身為子女的家屬，不論是否與患者同住，應避免在患者面前不斷抱怨、責罵主要照顧者。年長者多半心思比較敏感，頻繁聽到子女們討論外看的不是，反而會製造出照顧者和被照顧者之間的矛盾關係。建議子女們選擇獨立空間，多與外看交流，發生語言溝通障礙時，也可以尋求仲介的參與。若想了解臨床牙醫相關資訊，也可以與新北市牙醫師公會聯繫，我們會統整多數家庭遇到的狀況，盡可能給予更多的宣傳資源，為外看搭建一個交流橋樑。

29 老先生的淚光

在醫院遇到一位不斷嘆氣的老先生，從進診間開始跟他對話開始，一路到安排照X光片，老先生每分鐘都會習慣性嘆氣。從X光影像來評估，以七十五歲的人來看，老先生的牙口維持得還算不錯，只有局部缺牙長期沒處理，鄰近牙有點傾斜，應該不至於影響到日常進食。

我藉由問診的方式，想要評估適合他的缺牙治療方式，也請他嘗試用「咬合紙」上下顎對咬，進一步釐清他目前的咬合習慣。在評估過程中，老先生還是不斷嘆氣。最終我開口詢問，想了解他是否有什麼煩心事，或是門診體驗不佳，怎麼會頻頻在我的診間嘆氣？

「醫師，您不要誤會，我非常感謝您同意我臨時加掛門診，只是心裡感慨萬千。年紀一把了，兩眼昏花，想拜託子女幫我預約看牙齒，他們說沒有空。牙齒痛了這麼久，他們也沒有發現，天天只會說很忙，親情都可以放旁邊了。」說出埋藏在心中許久的話，老先生終於不再嘆氣，眼角卻掛著淚光。

當了十餘年到宅牙醫，家屬和患者的想法我都很能夠理解。「久病床前無孝子」這句話也許說得太重了，那些所謂的不孝子，很可能都有自身的困境和苦衷。然而，我還是希望子女們可以將父母的事安排進行事曆，騰出固定的時間，陪伴他們用餐。與其到高檔的餐廳吃飯、買貴重物品給父母，還不如在家裡吃飯，讓父母可以在最自在輕鬆的環境下用餐。聊聊天的同時，還可以觀察父母的狀態，好好凝視他們，你可能會發現，他們已經不是記憶中強悍堅韌的爸媽。更可以趁機了解父母親的身體狀態，像是咀嚼和吞嚥能力是否退化，進而協助安排必要的身體檢查。

老先生告訴我，他在還能自理的時候，也不大願意麻煩子女，有時候嚷著希望他們協助約診，背後只是期待被關心罷了。我也告訴他，很多時候事情都強求不來，但至少他願意走進醫院、盡可能好好照顧身體，在能力範圍下，我們醫師會扛下責任，視病如親，讓患者的口腔狀況得到最好的照料。

30 你想擁有幾年「健康的餘命」？

退休的國小教師馬老師，在一次升旗典禮後中風，目前正在進行腿部的復健，還沒有辦法獨自下床行走。相較於我服務的到宅牙醫病患，馬老師還算很年輕，對於居家醫療的接受程度也很高。

「范醫師，我很開心可以申請到宅牙醫服務，原本還在擔心等到這雙腿要好起來，自己出門洗牙，會不會牙齒都提前壞光了？」病患半開玩笑地談著自己中風後的難處。不過，她的口腔狀況確實並不理想，除了齲齒很多，牙周也明顯萎縮了。我和團隊先進行了全口評估，又一次填補她所有的蛀牙窩洞，希望能夠讓她在復健過程中，不用面對口腔的不適。

馬老師是非常有朝氣的人，先天就比較樂觀，即便重新站立的復健治療，可能需要忍受劇烈的疼痛，她還是堅信能夠康復。她的退休生活包含了許多旅遊計畫，也跟我分享她從來不擔心生病，因為家族的長輩們都很高壽。也許是有長壽基因或是健康的心態，跟很多臥床患者比起來，她對長照醫療的配合度特別高。

多年前，美國國家科學研究院就有詳細的研究成果，證明了染色體中Cisd2基因（又稱為長壽基因），關係著我們的壽命。然而，我更注重的是有限之年，生活品質是否能夠有所提升。日本是最早進入高齡化社會的亞洲國家，對於高齡者健康研究與臨床數據更多。東京大學老年專科精神科主治醫師和田秀樹，在二〇二二年提出了許多高齡者的健康衛教觀念，給我很大的啟發。

其中，和田秀樹醫師特別強調：「高齡已是趨勢，三十年前，人們會因為長壽而慶祝，但現代社會，我們更在意的是健康的餘命。」健康的餘命，我認為是醫學衛教觀念和生命哲學的總和，以台灣平均壽命超過八十歲來說，一位退休人士還有至少三分之一的餘生，如何讓最後的這段人生過得心滿意足、健康自在，才是我們需要追求的。

我在到宅牙醫的旅途中，遇到非常多家屬因為長期照護的壓力，變得格外緊張，對於父母的生活習慣和健康觀念，也會有更嚴格的要求，每天量血壓、心率，記得什麼時候要回診，重度依賴醫學報告和醫師的建議。其實，大家可以稍微放鬆一點，面對老邁，每個人都應該保有「選擇」的空間和權利，只要將定期檢查作為健康原則，在適度的情況下，還是能讓父母親擁有自己的飲食與生活嗜好，在更輕鬆自在的情緒下，也會擁有更健康的身體。

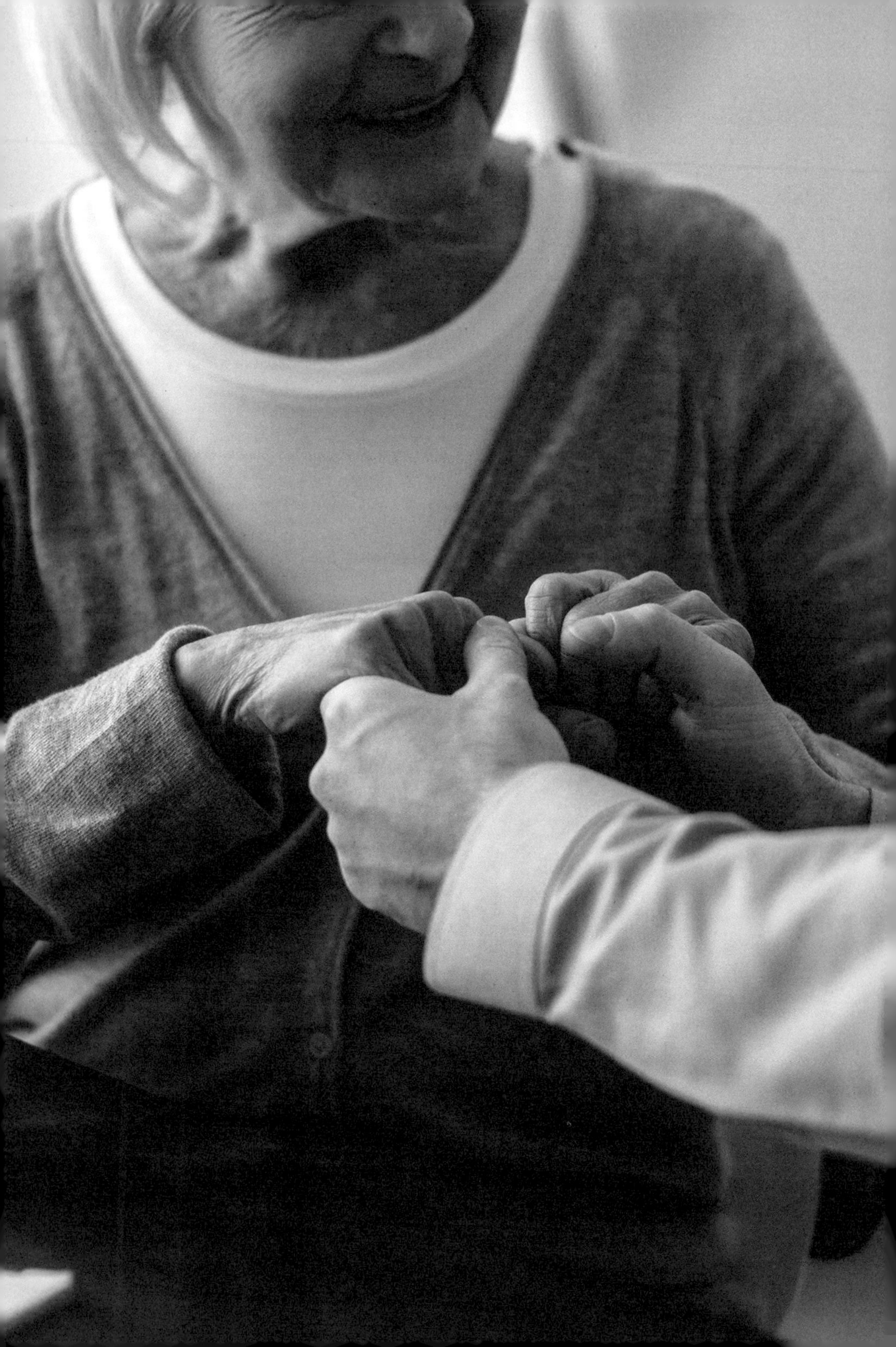

Chapter 3

照顧者的
口腔照護必修課

幫臥床者潔牙、選擇口腔裝置，
有各種眉眉角角。
掌握正確的照護知識，
能幫臥床長輩顧好食欲和牙口，
也可以減輕照顧時的徬徨不安。

目前，到宅牙醫服務範疇涵蓋了：基本的口腔咬合檢查、過於晃動的牙齒拔牙、牙齦紅腫的急症處置、定期洗牙、定期調整活動式假牙、蛀牙填補、牙周緊急治療、全口塗氟、嘴破處理和必要的轉介治療。透過每次的訪視和居家治療，醫師可以深入了解患者的居家護理需求和潛在的口腔病徵，有效減緩患者「說不出口」的口腔不適問題。

除了解決患者的口腔不適，到宅牙醫每次到訪還有一個重要任務，就是將口腔照護的衛教知識傳達給主要照顧者。為患者清潔口腔時，主要照顧者最常犯的錯誤，就是漫無目的地刷牙。牙刷沒有放對位置、燈光不足、看不清楚也一直刷，這叫做盲刷。有用心思考刷牙位置和順序、正確的口腔清潔方式，才叫做潔牙，就是把牙刷放對位置，每次仔細地將兩顆牙齒以水平短距離、左右來回慢慢地每個面刷十下，並且依照順序把所有牙齒的每個面都刷完。

本章針對照顧者最關切的問題，包括吞嚥障礙的徵兆、一定要拔牙嗎？口腔裝置、療程選擇、糖尿病患者和中風患者的口腔照護，以及臨終照護的心理準備等，提供最專業的醫學知識。

長輩愛「咬嘴唇」，透露了什麼訊息？

許多照顧者發現，即便長輩沒有在吃東西，也沒有想要講話，但嘴巴依舊動來動去，甚至會出現不斷咬嘴唇的情形。非進食期下意識地進行上下顎對咬，好發於口腔內有多顆缺牙的患者，或者平時配戴全口活動式假牙的患者在口腔裝置移除後，都有可能不斷咬嘴唇。

一般來說，輕咬嘴唇屬於正常現象，不用太緊張。會有類似的臨床表現，是因為儘管失去牙齒，但長輩的口腔肌群記憶、舌頭運動記憶都還在，會自然想要找到穩定的咬合位置。

每個人在正常無疾病的情況下，上下顎骨頭、顳顎關節和牙齒都有記憶，會找到一個可以平穩對咬、讓嘴巴閉起的慣性。當長輩開始缺牙，或者平時咀嚼仰賴局部或全口活動式假牙等口腔裝置時，顳顎關節和口腔肌群可能暫時會找不到無牙的對咬位置，臨床上就會發生上下顎不斷擺盪的狀態。

不過，當長輩開始不自覺咬嘴唇，明明口腔沒有食物，卻不斷有反覆咀嚼的行為，建議家屬要即時評估，是否需要透過專業牙醫師做處置，避免影響到全口的口腔肌群記憶。長期處在「空咬」的狀況下，不但口內所剩的牙齒可能出現過度磨耗，也有可能因為口腔肌群使用過度、咬合施力不平均，慢慢演變成顳顎關節症候群，變成嘴巴張不開、吃飯無力，加快退化的速度。

口腔潰瘍可能是營養不均衡、壓力大

家中長輩若經常因為嘴破鬧脾氣，要當心是否為「復發性口腔潰瘍」的徵兆。復發性口腔潰瘍是相當常見的口腔黏膜疾病，臨床判讀上，需釐清患者是否在一年中有多個月份都會出現口腔黏膜潰瘍，才能真正確認罹患了典型復發性口腔潰瘍。發病期可能不止一處會出現口腔潰瘍，且通常出現在口內頰肉、嘴唇黏膜、舌腹黏膜等部位，急性期疼痛明顯，很可能導致食欲衰退。

口腔潰瘍有可能是身體的警訊，提醒大家要開始調整自己的飲食與作息。營養均衡對於預防口腔潰瘍的幫助很大，長時間缺乏鐵、維生素 B_{12} 和葉酸，都很有可能會讓口腔黏膜變得更脆弱。若長輩有咬合力不足、因其他病症導致無法咀嚼食物時，可適時服用保健食品，補充上述的營養素。

另外，口腔潰瘍也意味患者需要重新調配生活作息，避免壓力過大、過勞等狀況，即便是臥床患者，不代表他們沒有心理壓力。多數患者在身心放鬆、培養固定的運動習慣，改善新陳代謝後，就不再反覆好發口腔潰瘍的問題。

也有部分患者因為處於配戴「口腔裝置」（活動假牙、止鼾器等）適應期，出現比較明顯的口腔潰瘍，只要定期與牙醫師合作，追蹤口腔裝置是否密合、咬合狀況是否良好，就不用過於擔心，當口腔肌群重新養成新的記憶，通常就不大會再出現潰瘍的情況。

長期復發性的口腔潰瘍和免疫系統也有極大的相關性，有可能免疫系統已經出現狀況。大部分的口腔潰瘍都會在兩週內痊癒，如果是持續性、超過兩週沒有痊癒的潰瘍，就需要盡早請醫生診斷原因，檢查是否是由假牙摩擦所引發的癌前病變，或是免疫系統低下所造成的持續性口腔潰瘍。早日找出原因，才可以避免後續惡化為口腔癌的悲慘結果！

「打鼾」是睡眠呼吸中止症的警訊

在診間聽到患者抱怨枕邊人有「打鼾」問題，我習慣追問：「睡得好嗎？」當患者又想滔滔不絕抱怨被鼾聲打擾之際，我會再補充：「我是問，打鼾的家人睡眠品質好嗎？」

根據台灣睡眠醫學學會調查，全台四十五歲以上慢性失眠症族群已超過一〇％，也就是全台有超過二百三十萬人罹患慢性失眠症，平均每九人就有一人受慢性失眠之苦。臨床上也發現，約有五分之一的男性有阻塞型睡眠呼吸中止症（Obstructive Sleep Apnea, OSA），其中顯著的臨床表現即是打鼾。

老人家尤其容易在睡夢中打鼾，這是因為他們的呼吸道肌肉已經老化萎縮或鬆弛，睡眠的姿勢導致氣流更無法順暢通過。如果置之不理，輕者則為因睡眠呼吸中止，影響到整體的睡眠品質，白天昏昏欲睡、性情變得憂鬱；嚴重者有可能會因為長時間睡眠時血氧濃度過低，引發呼吸不順，甚至可能造成生命危險！

若你發現家人有打鼾的狀況，可以先陪他們養成固定的運動習慣，以控制體脂和體重。如果是行動不便的長輩出現打鼾症狀，則可以多與長照個管師或護理師接洽，了解是否需要即時轉介到醫院，確認是否有睡眠呼吸中止症。此時，在家裡配戴血氧機，追蹤睡眠時血氧濃度，也是有必要的。

臨床牙醫師可以針對輕度睡眠呼吸中止症進行治療，目前臨床上已有客製化的止鼾牙套，於睡眠時配戴。牙套的設計，讓患者躺平後的下顎位置可以往前移，騰出更大的空間，確保氣流能順暢通過呼吸道。

但是，如果經醫院評估（進行睡眠監測）後，狀況嚴重還是需要配戴特定的陽壓呼吸面罩，以確保患者在睡眠狀態，血氧濃度足夠，不至於出現吸不到氣或昏迷等問題。

少數照顧者曾經向我反映，讓長輩為了睡眠監測待在醫院過夜，是難上加難的事。我理解照顧長輩很辛苦，因此鼓勵照顧者和家屬，可以先搜尋居家附近是否有「AI上呼吸道檢測儀」數位設備的醫療院所，讓長輩有機會在家裡進行簡易的睡眠監測，能隨時記錄「睡眠多項生理檢查」（Polysomnography / PSG），包含了腦波圖、眼電圖（EOG）、肌電圖（EMG）、心電圖、血氧飽和度、脈搏、口鼻呼吸氣流（Nasal-oral Air Flow）、胸腹呼吸動作（Thoracic Abdominal Effort）等。患者無需再住院追蹤，而是在家配戴檢測儀，並由醫師進行詳細分析，就可以更精準掌握睡眠的整體狀況。

「睡得好」跟「吃得好」同等重要，好的睡眠品質可以避免身體長期處在發炎反應狀態，也可以讓腦神經系統充分休息，進一步預防神經系統老化。

舌苔該清嗎？

新手照顧者面對長輩的日常需求，可能已經忙不過來，而每日三餐後的全口清潔，對許多照顧者來說更是艱難任務，除了牙齒、牙縫的牙菌斑要留意，舌苔清潔也是一大重點。

舌苔的結構主要由上皮細胞以及口水、細菌、食物細屑所組成。一般正常的舌苔會呈現白色、薄薄的，若有感冒、生病或是水分攝取減少、食欲下降等情況，容易導致舌苔受到沖刷的機會減少，也就容易越積越厚，形成較為厚重的乳白色舌苔。

正常情況下，舌頭會因為咀嚼食物、說話等動作，讓舌面上的細菌隨著口水吞嚥及各種動作被帶走，一般來說不會有過多舌苔堆積的問題。然而，長輩的進食方式常以軟爛食物為主，再加上口水分泌隨年紀增長而趨緩，少了口水自我清潔的抑菌效果，且大幅降低了舌頭活動，自然就會有比較嚴重的舌苔。

在挑選牙刷時，可以考慮刷毛後方有凹凸設計的刷頭，潔完牙以刷頭背面來回清潔舌頭的表面，協助帶走舌面上的細菌。若長輩感到不適，也可以選擇專用的舌苔清除工具，但要注意清潔時力道的拿捏，避免讓老人家口腔出現傷口或潰瘍。

根據醫學期刊的研究，舌苔面積較大者，口內的乙醛濃度可能會更高，誘發口腔癌或咽喉癌的風險機率也可能增加。另一方面，舌苔也是細菌滋生和堆積形成的溫床。有日本臨床醫學報導，口腔細菌過多，流感併發的機會也更高，這是因為流感病毒多半為飛沫感染，進而附著在呼吸道，若口腔成為細菌的溫床，病毒進入後活性也可能增加。因此，除了正確清潔牙齒、按摩牙齦，定期清潔舌苔，才可以協助長輩維持更好的生活品質。

幫臥床者潔牙，站對位置很重要

即便臥床的人已經使用鼻胃管，沒有咀嚼行為，每天都還是一樣需要清潔口腔。但是，患者可能早就已經沒有力氣拿牙刷，或者因認知功能障礙忘記怎麼刷牙，那麼，照顧者應該站在哪個位置，比較能徹底潔牙呢？我們可以將患者分成以下兩種狀況：

1 能自主吞嚥並且自主控制頭部活動：重要的是患者要能自主控制吞嚥，如果沒辦法自行吞嚥，有水在口腔中就可能會嗆咳，易造成吸入性肺炎。就算整體行動遲緩、肌肉萎縮導致無法自行照顧自己，但可自主吞嚥而且頭可往後仰的病人，照顧者幫忙清潔時就要站在後方，通常我們的燈光光源都是從上而下，由天花板照下來，這樣照顧者可以清楚且直接地看到牙齒的位置，也不用彎腰駝背地去幫忙做口腔清潔。站在這個位置，照顧者可以更全面掌握深處牙齒的整潔狀態，另外可根據需要來增加照明（如頭燈或手電筒），更妥善地幫患者潔牙。

2 無法自主吞嚥與自主控制頭部的活動：這種狀態宜避免要求患者仰頭，不然有可能會增加嗆咳的風險，也會讓患者更抗拒潔牙。在這樣的情況下，照顧者就必須站在前方，而且需要半蹲，再加上拿手電筒，彎著腰幫忙做口腔清潔照護。因此，這個時候照顧者就會比較累，也較難看清楚口內的情況，導致盲刷，花很多時間也沒辦法清潔得很乾淨。口腔清潔必須要依照看得到才能清得到的原則，方能事半功倍。所以照顧者幫這類患者做口腔清潔時，如果患者不張開嘴巴，可以先用張口棒（大的連鎖藥局都有賣，一支大概八十到一百元），將患者的口腔撐開之後，再用手電筒輔助，看得到牙齒位置之後再做潔牙。

工具的選擇，對於脆弱的臥床者來說也相當重要，建議照顧者提早準備好軟毛牙刷、牙間刷、舌苔刷、海綿牙刷和數條毛巾，有了好的工具，潔牙就會更便利。

要怎麼判斷長輩有吞嚥障礙？

吞嚥障礙，是身體機能衰弱的警訊。而吞嚥障礙，是負責吞嚥的唇、舌、齒、顎、咽等構造的神經肌肉控制受到影響，而使吞嚥的任一階段出現問題，造成病患在吞嚥過程中出現嗆咳、咀嚼困難、食物常殘留堆積在口腔或流口水等，甚至常有反覆不明原因的發燒。臨床常見的吞嚥障礙類型分為三種：

1 食糰卡在喉嚨：食物經牙齒切斷、磨碎後形成食糰，第一階段要面臨的是落入咽喉的過程。患者如果在這時候就卡關，我們首先會確認是否存在「咬合功能異常」，針對缺牙、咬合不正問題，應及早進行植牙和功能型矯正治療。如果咬合並沒有障礙，通常就可能是「顳顎關節症候群」或口乾症造成，各年齡群都有可能發生，必要時須由口腔病理科、口腔外科醫師共同治療。

2 食道硬化、肌少症：食糰卡在咽喉至食道、食道至賁門，無法正常下嚥，則可能跟患者缺乏肌肉、肌無力有關。這時候需要復健科醫師規劃出適切的長期復健，同時與胃腸肝膽科醫師協同診療，確認是否有食道狹窄、硬化等狀況發生，才不至於造成長期消化系統的損壞。

3 神經系統性障礙：吞嚥狀況跟腦神經、腦部疾病（例如：退化型帕金森氏症、腦中風）等息息相關，患者在沒有上述兩種情況，卻出現異常的吞嚥障礙，可能需要由神經內科醫師評估，確認神經控制的反射動作是否存在功能障礙，才能及早避免神經系統的惡化。中高齡患者更要控制腦部退化現象，才能加以防止「吸入性肺炎」發生。

特殊需求者口腔醫學門診常見患者越來越不喜歡吃東西，身體日漸消瘦的狀況，且年齡層有逐漸下滑的趨勢，可見吞嚥障礙是值得重視的問題，其背後多半是複合型的身體系統功能異常，需要仔細評估張口度、咬合功能、免疫系統、腦神經等狀況，才能慢慢改善情況，讓患者能在日後大口進食、暢快享受食物的美好。

已經開始失能的長輩，如果不方便主動到醫療院所進行檢查，可先申請到宅牙醫服務，由牙醫師先確認患者整體的咀嚼情況，必要時還需要經居家醫療整合照護資源，轉介語言治療師或物理治療師，進行深入評估並提供相關的治療建議，避免患者吞嚥障礙急速惡化，出現高風險的嗆咳。長輩的口腔機能不能單看牙齒、牙周、口腔肌群，而需要整體性判讀，因此牙醫師和語言治療師、物理治療師彼此會有深切的合作關係，語言治療師更能根據吞嚥四階段，給牙醫師明確的臨床病徵。

認識「吞嚥四階段」

1 咀嚼：在正常的情況下，我們能辨別食物即將入口，且能夠非常自然地咀嚼食物。

2 口腔：食物經咀嚼功能磨碎，準備進行吞嚥反射。

3 咽喉：吞嚥時，喉部肌肉會上提，軟骨會協助蓋住氣管，避免食物滑入引發危險。

4 食道：食物成團，藉由食道蠕動幫助帶入胃中進行消化。

語言治療師的專業，在於可以從患者吞口水、進食過程，判斷其吞嚥障礙根源落在牙齒、牙周、咽喉、口水分泌過少、口腔肌群退化等哪一個環節。這些資訊讓牙醫師得以判斷是否需要進行緊急的口腔治療，像是假牙贗復、牙周病處置，並搭配適切復健，提防吸入性肺炎和吞嚥困難造成的消化不良危機。吞嚥障礙的臨床反應相當複雜，家屬也可以先仔細觀察長輩，是否開始有呼吸變喘、口水和食物經常從嘴角滲出、吞嚥行為變得遲緩等，並伴隨不明原因的發燒，一旦有類似的狀況，都需要醫療介入。患者平時也可以多多練習口腔肌群的訓練，若有興趣可以參考牙醫全聯會製作的「益口銅身健康操」，這是由語言治療師公會與牙醫師公會以及皮拉提斯老師們共同策劃，非常適合長者學習的簡單健口操，可以提升咀嚼吞嚥的功能。

顳顎關節症候群簡易判讀法

顳顎關節症候群（Tempor-Mandibular Disorders, TMD）是多數牙醫師的夢魘之一，因為症狀非常多元，且關節疼痛的問題不容易得到控制。患者日常生活可能會出現頻繁疼痛、張口度不足，更會讓日常潔牙工作變得很困難。所以顳顎關節持續存在問題的患者，後牙區經常會有齲齒或牙周病變，還有可能影響到發音與語言功能。

顳顎關節問題好發於各年齡族群，曾有外傷、長期咬合不正、不適當之咬合習慣，甚至是心理壓力，都有可能造成「顳顎關節症候群」。臨床上須由口腔顎面外科醫師進行判讀，並以非侵入性治療先進行治療，例如：有不良的咀嚼習慣、咬合不整問題者，可考慮配戴矯正器治療；因為咬合力道過大、有夜間磨牙習慣者，則可以使用咬合板，避免牙齒磨耗，慢慢調整關節長期處於緊繃狀態的壓力。

近來也有口腔外科醫師和中醫師合作，用針灸療法來治療顳顎關節障礙，目前為止也有許多文獻證明其療效不錯。在這些治療行為都沒辦法改善顳顎關節疼痛問題時，醫師需要考慮侵入性治療，如微創關節手術、施打肉毒桿菌、玻尿酸，極少數的病人需要高侵入性的開放性手術，以修復或取代受損關節。

很多患者會覺得，只是經常頭昏腦脹、睡眠品質不佳、張口卡卡的，到底要怎麼評估何時要就診呢？以下提供簡易的自我評估法，若總分數高於二十分者，建議找醫師進一步評估。

（總是有：十分；偶爾有：五分；從來沒有：〇分）

1．嘴巴張不開，無法將三隻手指頭垂直放入口腔中

2．下顎無法順暢地水平移動

3．容易感到咀嚼疲乏

4．在沒有感冒、發燒等情況下，無故出現反覆頭痛或者偏頭痛
5．頸椎、肩膀經常性痠疼
6．顳顎關節痠疼，並且有時候覺得耳朵疼痛和耳鳴
7．張口時顳顎關節會發出「卡、卡」的聲音
8．夜間磨牙
9．咬合不正
10．覺得口腔肌群緊緊的

避免出現顳顎關節症候群，我建議大家可以多訓練口腔肌群。除了不要吃太多精緻飲食（選擇原型食物，咀嚼的次數通常會比較足夠），平時也可以咀嚼無糖口香糖，讓肌肉穩健，顳顎關節就比較不容易出現狀況。

長輩年紀都這麼大了，還要戒除不良嗜好嗎？

「爸爸媽媽是老菸槍、喜歡嚼檳榔，但都年過八十了，真的要勸他們改變

嗎？」有這種疑問的朋友，應該先了解抽菸、吃檳榔對於口腔健康的危害，建立正確的衛教觀念，才能在家中營造更好的健康共識。

長年抽菸、喝酒、嚼檳榔，罹患牙周病和缺牙的風險也比一般人高。衛福部二〇一七年的新聞稿中（註1）曾提及：吸菸者罹患口腔癌的機率是一般人的十八倍，嚼檳榔者罹患口腔癌的機率是一般人的二十八倍，這是相當驚人的數字，顯見不良嗜好對於口腔健康的嚴重危害。

抽菸量與牙周附連喪失程度呈正相關，代表抽菸者有較多的齒槽骨（牙齦下方的骨頭）喪失，且重度抽菸會導致牙齒喪失。抽菸的時間越長，患者口內缺牙的數目也越多，牙周病也越嚴重，且抽菸者對牙周治療的成效較非抽菸者差，另外也會影響牙周再生手術的成效，如果沒有辦法杜絕抽菸習慣，患者很難長期維持全口的完整與健康。

而檳榔則含有檳榔素（arecoline）及檳榔鹼（arecaidine）等危險的致癌物質，不但會影響牙齒的穩定性，對口腔黏膜的殺傷力更是非常大。我在臨床上遇到長期嚼檳榔的患者，多數口腔黏膜都出現不同程度的纖維化和白斑化跡象，且會有頻繁的口內潰瘍問題，疼痛感影響了食欲與生活品質。

子女通常很難要求父母改變個人的生活模式和不良嗜好，尤其戒菸、戒檳榔需要長期的誘導，或借助外界力量（如個管師、家庭醫師、部分受訓過的牙醫師）輔助來戒斷不良嗜好。

只是，我們真的有必要因為健康，不惜跟父母親對抗，要求他們突然在高齡時期改變一輩子的生活型態嗎？

日本精神科權威醫師和田秀樹在著作《如果活到八十歲》中，提到「健康的餘命」，意思是：假設你現在五十歲，以台灣平均壽命超過八十歲，你還有至少三分之一的人生，那這三分之一的生命，你想要怎麼看待、想活成什麼狀態，就會讓你成為怎樣的老人，而你的性格和生活方式，又會影響到你的身體健康。

對於已經活到八十歲的長者來說，活得自在和自由，也是健康的關鍵。和田秀

註1：引述資料來源：https://www.mohw.gov.tw/fp-3569-38798-1.html。

樹特別強調，到了八十歲，有時候也不應該依靠「回診」來計算日子。如果一味追求醫學數據、為了健康不斷調整已經習以為常的生活，反而有可能讓長輩陷入惶恐的情緒，反而會出現低落、憂鬱等狀況。因此，我認為已經邁入超高齡的老人家，若有菸酒、嚼食檳榔的喜好，在不過量的情況下，還是可以偶爾抽個菸放鬆身心，不需要讓生活完全遵循健康教科書。

兩相權衡之下，作為照顧者，我們可以做的是觀察長輩的症狀，如果出現以下的症狀，有可能是口腔癌癌前病變的徵兆，建議盡快帶他至醫療機構進行口腔黏膜的篩檢：

- 黏膜反覆破皮（潰瘍、出現膿包），超過兩星期無法自行癒合。
- 口腔表面出現不明斑點（常呈現白色、紅色）。
- 總是覺得口乾舌燥，口腔黏膜表面口水分泌下降，變得更為粗糙。
- 口腔肌群出現不明腫塊，正面臉部出現明顯左右不對稱。

目前國民健康署有補助三十歲以上嚼檳榔（含已戒檳榔）或抽菸民眾，十八歲以上、未滿三十歲嚼檳榔（含已戒檳榔）原住民，每兩年做一次免費口腔黏膜檢查，以期早期發現癌症並早期治療。大家可持健保卡（十八歲、未滿三十歲原住民請多備戶口名簿）至有牙科、耳鼻喉科的健保特約醫療院所檢查。

一定要拔牙嗎？

在檢查中高齡患者的口腔狀況時，照顧者最擔心的一件事，就是「必須拔牙」。之所以害怕「拔牙」，多半是因為聽過不好的拔牙後遺症，且高齡者或失能者本身自體免疫功能較差，有較高的術後感染風險。

我們通常會在臨床現場再三確認患者的身體狀況，並查詢雲端藥歷（包含最近一次的血檢數據與慢性病處方箋）後，才會與家屬進一步溝通拔牙手術的必要性，並且在安全無虞的條件下，盡快為患者進行拔牙手術。

必須拔牙的狀況

當牙周流失程度為五mm以上，且齒槽骨流失比例超過五〇%，在沒有全口X

光片佐證下，牙醫師會透過臨床經驗確認患者牙齒的鬆動程度。只要患者憑自己的舌頭碰觸，牙齒就有明顯的搖晃，多半表示牙周組織已經有大範圍流失的現象，不容易維持牙齒的穩定，這時就建議拔除，以免患者在睡夢中牙齒掉落、誤食牙齒。

臨床上，我們將牙齒晃動程度分成四個級數，健康牙齒晃動程度僅有〇・二～〇・五mm，若牙齒晃動狀況為〇・五mm～一mm之間，很有可能開始出現牙周病。若立即進行牙周重建治療（註2），同時術後正確潔牙，讓牙周組織慢慢生長回來，就有可能避免拔牙。

平時若嘗試用手輕輕搖健康的牙齒，牙齒也可能有約〇・二mm微幅的位移，這是因為牙根到牙周中間有「牙周韌帶」給予緩衝，讓咀嚼時牙齒對咬能更有彈性，因此牙齒是否穩固，仍建議由牙醫師進行專業評估。

牙齒水平晃動程度若大於一mm（肉眼已可見牙齒搖晃），但尚未開始有垂直搖晃的狀態，則要考量患者日後打算如何進行治療。若未來需要裝戴活動假牙，我建議應該拔牙，日後活動假牙才有足夠的穩定支撐力。而牙齒搖晃程度大於一mm，水平與垂直都能輕易搖動，當下就有可能會面臨拔牙。因此，專業牙醫師面對「是否拔牙」，除了考量臨床病徵外，還需搭配日後照顧、通盤考量長期口腔機能，給予客製化的手術建議。

是否拔牙還需要觀察的狀況

然而，即便牙齒晃動程度大、牙周組織流失程度高，當患者出現以下情況時，可能還是要再觀望，不建議立刻拔牙。

- **肝腎器官衰竭者：**若是患者正在接受腎臟發炎與腎臟病治療，則在拔牙手術開始前，建議找原主治醫師評估是否加強抗生素服用，幫助預防術後可能的感染問題。
- **罹患全身系統性疾病者：**像是慢性心血管疾病、糖尿病、正在接受癌症治療的患者、自體免疫疾病如紅斑性狼瘡等，且病情控制不理想者，不適合在到

註2：牙周重建治療（牙周病整合治療）需在醫療院所進行處置，因此長期臥床者或行動不便的失能者，在嚴重牙周流失的情況下，臨床醫師可能選擇直接移除過於鬆動的牙齒。

宅牙醫訪視過程接受拔牙。根據衛福部資料，台灣十八歲以上的成年人，每四人就有一人飽受高血壓影響。拔牙前，到宅牙醫團隊需要了解患者近一個月的血壓測量狀況，若高血壓在一六〇／一〇〇毫米汞柱以上，服藥後都沒有顯著的改善，則需要暫緩拔牙手術。

- **凝血功能異常的患者：**包含肝功能衰弱的患者，都不建議進行居家拔牙手術。當凝血酶原和纖維蛋白原的含量減少時，比較容易出現傷口止血不當的狀況，因此若牙醫師評估真的需要拔牙，還是會考慮到醫療院所進行手術，確保術後有專業醫療團隊在旁邊，控制拔牙傷口出血的狀況。

拔牙手術後的注意事項

在無法前往醫療院所的情況下，多數患者可以在專業到宅牙醫團隊的幫助下，於居家空間完成拔牙手術，得到更好的生活品質。在術後，照顧者需要確認以下幾件事：

- 確保患者術後咬住無菌紗布至少三十分鐘，過程中可協助更換紗布，直到表面沒有新的血絲。

- 術後一天內，避免漱口或吸吮行為，預防牽動傷口。
- 拔牙當日建議以軟質食物為主，切忌辛辣飲食和不良嗜好，如菸酒、檳榔。
- 拔牙後應觀察患者的整體咬合狀態和牙齦出血情況，若有異常出血、傷口超過兩天依舊紅腫疼痛，應與牙醫師密切聯繫。

拔牙手術後應該怎麼吃，才不會影響傷口復原？

完成拔牙手術後，照顧者最常詢問我們的問題就是：什麼時候可以恢復飲食？術後應該怎麼吃，才能既維持營養補充又不影響傷口的復原？

不管是在居家進行拔牙手術，或到醫療機構進行植牙，建議都先以「局部麻醉」藥劑退去後的疼痛感作為評估準則。一般口腔治療的局部麻醉藥劑會在術後一到兩小時左右全退，只要麻藥作用退了，患者沒有出現強烈疼痛感或血流不止的反應，就可以恢復飲食。

然而，術後當天建議仍以「流質」和「軟質」食物為主，避免辛辣、過冷、過熱、生食等食物，以免傷口受到刺激。尤其高齡者若傷口再次裂開，不但需要重新回到醫院縫合，出現多重感染的機率也會更高。

流質食物有哪些？

指的是常溫的液態食物，患者可考慮選擇富有蛋白質和維生素的飲品，如：豆漿和果汁，能幫助傷口癒合，也能維持基本的體力。

軟質食物有哪些？

質地柔軟、容易咀嚼和消化的食物都涵蓋在其中，如：稀飯、布丁、豆腐等，患者確認麻藥退去後，傷口已經完全止血，即可少量多餐進食。

不過，要特別注意，每個人對於口腔治療後的適應症都有所不同，即便術後一到二日食用流質和軟質食物，少數患者仍可能存在傷口出血、疼痛的狀況，可與原治療醫師討論，詢問是否要在患部填充膠原蛋白，促進牙周組織再生，也可以避免二次感染。拔牙後的傷口通常建議可以輔助使用膠原蛋白，若有使用抗凝血劑的病患，可以使用止血棉或用縫合的方式來輔助止血。專業到宅牙醫師的拔牙往往會控制在二十到三十分鐘內完成，患者在術後一到二日即能完全恢復日常飲食。相較於留著鬆動的牙齒在口腔中，必要的拔牙治療反而能讓患者的生活品質有所改善。

如何選擇適合長輩的口腔裝置？

根據衛福部統計，六十五歲以上國人全口無牙比率已經超過一〇％，以目前的人口推估，相當於五十．一六萬名六十五歲以上國人全口無牙。而長照資源需求者更普遍存在著缺牙問題。雖然站在專業臨床角度，牙醫師會說，植牙並沒有年齡限制，就算是八十歲以上的高齡者，只要在身體穩定的情況下，都可以靠著植牙修復缺牙時期的咬合功能。也有不少成功植牙的高齡者現身說法，表示植牙不但讓他們可以暢快用餐，更因為有了牙齒，更願意出門與人交流。

然而，多數長照家庭裡的高齡者，即便沒有糖尿病、高血壓等慢性病，也可能已經開始出現行動不便、失能的情形，我認為在選擇療程上面可以權衡，雖然「植牙」術後可以恢復八五～九〇％的健康咬合力，但還要綜合考量植牙的療程時長、手術的風險等，不見得每個人都適合。若是改以「活動式假牙」或「固定式牙橋」口腔裝置，也可以恢復約五〇～七〇％的健康咬合力。

固定式牙橋和活動式假牙，應該選哪一個？

「固定式牙橋」指的是不能由患者自行拆卸的假牙。如果只是牙冠（張開口可以看到的牙齒部分）因蛀牙或外力造成破壞，牙醫師一般會先模擬出牙齒的模型，再以全瓷或金屬燒附瓷材質，修復已經損壞或部分蛀光的真牙。而當醫師從X光片、斷層掃描中確認患者的牙齒組織已經無法保留，會先拔除真牙牙根，然後再修磨鄰近兩顆牙為支撐點，製作出三顆牙齒為一排的牙橋。

若患者只有單顆或少數缺牙、牙周組織尚在理想的健康條件下，且較重視外觀，建議選擇以固定式牙橋作為咬合修復的口腔裝置，配戴較為舒適、自然，咬合的感受也更貼近真牙。

裝戴固定式牙橋後，可能會發生的狀況以及日常照顧的重點有以下兩個：

1 齒槽骨快速萎縮：齒槽骨是位於牙齦下方的牙周骨頭，用來固定和支撐牙齒的根部，通常會因細菌侵蝕開始出現發炎狀態。當發炎控制不下來變成牙周病，齒槽骨的萎縮速度就會非常快，此時不但原本缺牙處的牙齦線會持續後縮，口腔內其餘真牙也有鬆動的風險。牙橋靠的是牙冠連結的結構在支撐，原本缺牙區依舊不會有牙根，這會導致牙周組織缺少咀嚼的刺激，齒槽骨可能加速萎縮，牙床若降低到一定程度，有可能就會出現牙橋橋體和底部牙肉不貼合，導致更容易卡食物殘渣。

2 要徹底清潔牙齒：由於牙橋結構較為特殊，清潔上必須使用特殊的超級牙線（尖端像針一樣較硬，能夠穿過牙橋底部）和牙間刷，才有機會徹底清潔牙齒。許多長照家庭的被照顧者可能已經失去行為能力，無法自主刷牙，需要照顧者善用工具，協助患者在飯後清潔牙齒，才能避免所剩牙齒承受蛀牙的風險。

「活動式假牙」指的是患者可以自行拆卸的假牙，利用金屬鉤、安全固定卡扣和磁鐵，將活動假牙靠在牙床上。無論是局部的假牙或全口假牙，活動式假牙都可以依據患者需要進行設計，解決無牙的問題。

當患者出現大範圍的缺牙問題、甚至全口無牙，且牙肉、牙齦已出現萎縮的狀況，較適合選擇活動式假牙。活動式假牙更適合無法進行手術、臥病在床者使用，雖然整體咀嚼效能較不足，但以目前的臨床技術，已經可以維持基本的日常進食咀嚼力。

已經沒有行為能力的患者，無法頻繁出門進行植牙手術和回診，全口或局部的活動式假牙是比較理想的選擇。唯一較大的考驗是，許多長輩在初期會需要花比較久的時間適應這種口腔裝置，少數患者也會出現異物感，而有嘔吐、吞嚥困難的反應。建議家屬決定製作活動式假牙前，可先了解日常刷牙時，長輩是否會畏懼牙刷放入口中，或者有張口度不足的情形。一旦有類似狀況，但還是想要修復咬合功能，則建議可先尋求贋復假牙科醫師評估，看看是否需要進行口腔肌群的復健，在避免誘發「顳顎關節症候群」之下完成假牙裝戴，同時可能也需要耐心陪著長輩走過適應期。

此外，相較於牙橋，雖然活動式假牙更容易清潔，但要留意在患者晚上睡覺前，能適時提醒他們將假牙拆卸下來，並使用軟毛牙刷搭配清水清潔（不要使用一般的牙膏）。我在到宅牙醫服務過程中，偶爾會遇到患者長期配戴活動式假牙未拆卸，導致假牙變形刮嘴或殘存牙蚪空的情況，嚴重者可能還需要重新製作一副新的活動式假牙。

即時與專業牙醫師溝通，謹慎選擇適合長輩的口腔假牙裝置，不但可以延遲患者老化的速度，更能讓他們在長照過程中依舊得以享受美食。

缺牙狀況越久，活動假牙適應期會越長

我的患者大部分都是高齡長輩，因身體條件逐年下降，可能有全身系統性疾病，不適合施作植牙手術。此時若患者還有活動能力、願意吃東西，我們會鼓勵家屬考慮安排時間進行「活動式假牙」裝戴，讓長輩保有基本的咀嚼功能，持續感受享受美食的快樂，也不至於因缺牙變得越來越孱弱。但是，很多家屬會花很多時間評估長輩是否真的需要活動式假牙，隨著時間推移，等到終於下定決心了，往往又得重新評估患者的口腔條件適不適合裝戴活動式假牙，有時候會讓長輩「空歡喜」

一場，相當可惜！

之所以會發生一開始牙醫師認為可以配戴活動式假牙，經過一陣子後又不適合配戴，主要原因在於每個人牙齦「生理性萎縮」的速度不盡相同。一般來說，每年大概會有〇．〇五～〇．一mm的生理性萎縮，十年後牙齦萎縮程度最多會達〇．五～一mm。然而，如果已經有缺牙，更容易罹患牙周病，這時候牙齦萎縮的情況可能會呈倍速惡化，意味著活動假牙的配戴，會變得越來越有挑戰性。

活動假牙製作前，需要拍攝環口X光片，由牙醫師進行印模程序，並確認患者上下顎咬合垂直高度，進行牙齒排列，最後從患者專屬的牙齒模型中製作出金屬架底座，讓患者可以確認整體咬合的狀態，建立新的咬合高度，也開始學習活動式假牙的拆卸與清潔方式。待一切都如常後，才會裝戴正式活動式假牙。通常從初診到完成正式假牙的配戴，至少要經過五次的回診製作，如果患者在假牙試戴過程有所不適，可能還需要更多時間調整活動假牙。

也因此，即便長輩當下適合進行活動式假牙裝戴，若超過半年沒有下定決心，未來決定還是想要考慮活動式假牙，需要再走一遍上述全部的流程，才能確定當下口腔條件是否符合活動式假牙配戴的需求。長輩的缺牙情況拖得越久，伴隨生理性與病理性牙齦萎縮，活動假牙的支撐會變得越來越困難，適應期可能也會因為年紀越長而延長。有少數患者最後即使有一副活動式假牙，也會變得不願意配戴，除了牙齦持續萎縮，口腔肌群也會逐漸萎縮，影響整體的口腔機能。

到宅牙醫的服務並不包含活動假牙的設計與裝戴，然而只要家屬有共識，甚至患者仍有主動進食的意願，建議盡可能不要拖延。支援社區醫療的醫院通常會有接駁車，可協助接送長輩前往醫院開始進行療程。

不是每個長輩都適合植牙

從臨床手術觀點來看，「植牙」並沒有年齡上限，只要年紀超過十八歲、骨骼已經定型的缺牙者，都可以在X光片檢查和專業評估下完成植牙手術，然而，這不代表每個老人家都適合植牙。

對於骨質密度下降、有長期慢性疾病、服用特定藥物的長輩，植牙風險相較是比較高的，因為植牙畢竟是「與骨骼相關」的手術，免疫功能較差的長輩，恢復與適應週期都會更長，這是照顧者首先需要考量的事，臨床上我們也會同時斟酌：

- **齒槽骨的條件：**適合植牙的齒槽骨高度至少需要一cm、寬度則至少需要維持在六～七mm，這是因為一根植體的平均長度在十mm、平均直徑可能達到四～五mm，齒槽骨必須要包覆住植體，術後才不會產生後遺症，當齒槽骨條件不足時，我們需要改變治療計畫，或者先進行補骨手術，以確保植牙的安全性。

要補充說明的是，臨床上很多人會誤以為骨質疏鬆症患者不適合植牙，其實並不見得。骨質疏鬆主要指的是體內的骨骼密度跟質量下降，口腔部位骨細胞的基因來源與身體其他部位不同，齒槽骨的骨細胞來源是胚胎的外胚層，而身體其他部位的骨細胞來源於中胚層，兩者應分開評估。

- **全身健康狀況與日常用藥情形：**臨床醫學進行植牙手術，成功率平均已高達九五％以上，高齡患者比較需要斟酌的是術後的恢復期與適應症，包含：傷口感染、流血不止等。個別患者的身體差異很大，需要事前先找專業牙醫師討論，必要時要跨科別與慢性疾病主治醫師溝通。

植牙手術後，照顧者則需確保患者能正確清潔口腔，必須使用牙線、牙間刷徹底清潔，才能有效預防植體周圍炎（註3）發生。

當今植牙術式多元，我認為只要長輩仍有一定的活動力，都應該積極面對口腔缺牙的問題，不管是植牙或裝戴活動式假牙，都可以幫助長輩重拾自信心，也延續健康的餘命。

新型態植牙All-On-X好誘人，長輩適合嗎？

針對大範圍無牙的患者，以斜張橋力學原理施作的All-On-X植牙技術，不但可以減少植體植入的數目，更因為不需要在每個缺牙牙窩都植入植體，手術時間減少了許多，有機會一天之內就完成臨時假牙的配戴，手術過程則需要半天的時間。

但是，面對超過八十歲的高齡者，牙醫師需要先評估他們的身體數據，同時了

註3：常為植牙手術結束後，因清潔不當造成的破壞性發炎反應，植體周圍的牙周組織因細菌侵蝕而流失，長期下來有可能導致植體鬆脫，若沒有及時進行治療，會增加二次植牙的風險。

解他們的日常作息與生活狀態，才能判斷患者是否適合進行All-On-X全口重建。

我不建議臥床者施作All-On-X全口重建療程，當他平時已經屬於臥床狀態，其基礎潔牙習慣和進食方式可能都無法如常。這時候若要重建咬合，我會推薦患者選擇「全口活動假牙」，讓咬合力道有所進步，且臥床者通常需要的咬合功能為健康者的五〇％，活動假牙已經可以滿足患者日常咬合力。

另外，All-On-X全口重建療程為較大型的醫療手術，到宅牙醫團隊僅能安排到府進行居家評估和初步洗牙治療。若患者狀態適合進行All-On-X治療，我們可以協助長照專車，將長輩接送到大型醫療機構進行X光檢查，手術過程也需要在專業診療室進行，除了能確保醫療級感控清消環境，同時才能與麻醉醫師團隊攜手，全程監控身體各項指標，確保手術安全性。因此，若是已經沒有體力出門的患者，也不建議考慮這個術式。

糖尿病患者須特別留意牙周病

牙周病可說是健康的殺手。美國心臟學會期刊《Hypertension》於二〇二一年發表一項研究，指出罹患牙周病的人，罹患心血管疾病的比例是牙周健康者的兩倍。我在臨床現場直接面對病患，也發現沒有控制好牙周病的患者，血壓和血糖也比較不穩定。

牙周病之所以和全身系統性疾病息息相關，是因為多數牙周病致病原都是不當或不徹底清潔口腔環境，細菌滋生後，對牙周組織造成一定程度的侵蝕與破壞。每個人的口腔生態都有六百到七百種不等的細菌，當特定細菌往牙周組織感染，就有很大的風險會因為血流循環，將細菌帶到身體各器官。與美國心臟學會同年發布於國際醫學期刊《BMJ OPEN》的英國研究，則做過更詳細的統計。他們找來超過六萬名存在牙齦炎的患者、超過三千名牙周病患者和二十五萬一千一百六十一名口腔健康的民眾進行全身健康紀錄，統計發現，同時存在牙周病與心血管疾病的患者有一八％，高達三七％受訪者具有長期失眠、焦慮或憂鬱的問題。雖然無法從報告中清楚了解疾病之間的關聯程度，但在臨床上，確實經常發現牙周病對日常生活帶來的巨大問題，是長照醫療與公共衛生需要共同改善的事。

牙周病患者罹患心血管疾病的風險更高，有以下原因：

・**牙周病屬於慢性身體發炎：**身體長期處在發炎狀態下，自由基（註4）會造成低密度脂蛋白氧化，最終更有可能引發血管阻塞。

・**牙周病代表口腔已成為細菌溫床：**每個人的口腔自成一個微生態系，醫學上稱為「口腔微生物體」（oral microbiome）。研究已知，當微生物體發生改變，就會成為牙周病和心血管疾病的重要介質，不但有可能藉著血液循環破壞血管健康，牙周病細菌叢中常見的牙齦卟啉單胞菌（Porphyromonas gingivalis，又名牙齦致病菌），也會透過分泌毒素，誘導血小板聚集，增加血流不穩定性，讓牙周病患者有更高機率罹患心血管疾病，而原本已經有心血管疾病的患者，更容易因此讓病情失控。

糖尿病是一種相當普及的慢性疾病，現今臨床醫學依舊無法得知牙周病與糖尿病的機轉，但從數據來看，兩者可謂彼此互相惡性影響的雙生疾病。長期血糖濃度高，很容易造成全身器官發炎。目前我們將牙周病視為糖尿病的其中一項併發症，糖尿病患者罹患牙周病的機率，比沒有糖尿病者還要高出三倍以上，其中一個原因在於，糖尿病患者經常出現「白血球功能異常」，這就有可能導致身體的免疫系統更無法應付大量的細菌叢。此外，糖尿病有可能會抑制體內膠原蛋白的代謝，口腔中若缺乏足夠的膠原蛋白，也更容易出現發炎反應，長期下來，細菌又經血液循環移動到血管中，最後也會讓血糖更不容易控制。因此，建議糖尿病患者最好可以維持每三個月定期做口腔檢查（目前糖尿病患者還可以免費三個月塗氟），確保牙周組織維持穩定。

最後，我們也不能忽略心理因素對於全身系統性疾病的影響。罹患牙周病的高齡患者往往只是覺得口腔不適，不一定會即時就診或者主動述說自己的身體感受。少數長輩甚至習慣「隱匿疼痛」，最終牙齒因牙周組織的流失開始鬆動，情緒更加低落，也可能影響到血壓的穩定，再加上飲食習慣改變，血糖的穩定也會受到波及。

註4：free radicals，是身體中流竄的不穩定因子，可能會破壞細胞並造成疾病。

如何顧好中風患者的口腔健康和營養攝取？

多數患者中風後可能會有咀嚼與吞嚥的困難，尤其急性腦中風後，患者可能會開始抗拒較需要咀嚼的食物，長期下來很容易營養不良。根據臨床統計，有一四～五四%的中風患者可能出現肌少症，也就是肌肉量持續下降，漸漸失去肌肉力量與協調性，出現體力衰弱、身體機能退化等。而肌少症還會增加二次中風的潛在風險，這也是為何中風後患者必須要加強臉部與口腔肌群的肌肉復健運動，慢慢恢復原本的咀嚼力。不過，實際上，中風患者很難獨自落實所有的復健工作，此時到宅牙醫團隊的轉介與協同治療，就變得格外重要。

中風後最容易出現的狀況為臉部肌肉不對稱，因此患者可能無法將嘴唇閉緊，時不時流出唾液，另外因兩邊的肌肉失去協調性，還有可能會造成慣性單邊緊咬牙關，牙齒磨耗加劇，間接導致敏感性牙齒。

針對中風復健中的患者，我通常會建議家屬先尋求居家醫療照護整合計畫裡的語言治療師與物理治療師，進行詳細的吞嚥與發音評估。語言治療師和物理治療師會在初步掌握患者恢復情形下，與復健科醫師會診，確認適切的復健運動。針對不同病灶，常見的口腔肌群復健與緩和日常運動包含下列幾種：

- **顏面麻痺與疼痛：**患者無法自主活動臉部肌肉，進食或開口說話時會出現麻麻的不適感，照顧者可以用手掌心從嘴角處往耳朵方向按揉患者的臉頰肌肉，方向不需要一致，但每個部位都需要揉按約五分鐘，達到促進血液循環的效果。除了照顧者的每日按摩，更應該鼓勵患者盡可能多眨眼、伸展眉目、進行開口與閉口運動，都可以讓顏面肌肉恢復正常。
- **口腔肌群無力：**食欲不佳的中風患者，有可能是口腔肌群沒有力氣所導致。照顧者可使用紗布包覆手指（慣用手的食指為主），大拇指扣壓在下巴，將手指伸入患者的口腔中，緩慢且穩定將臉頰肌肉往嘴角方向斜斜拉下，單側每次建議以十下作為一組，再慢慢增加次數。
- **無法閉口或張口度不佳：**病徵可能涵蓋嘴角不斷有唾液、長期無法閉口造成的口乾症，以及在日常清潔時特別排斥牙刷等。照顧者同樣可使用紗布包覆食指，將上嘴唇往口腔中心拉伸，每次以五下作為一組來操作。

中風後的復健之路相當漫長且辛苦，患者需要穩定的復健治療，耐心等待口腔肌群重新恢復原有的力氣。待患者的狀況有所好轉，可再透過到宅牙醫的居家診療，完成必要的視診以及醫療行為，維持口腔健康。

照顧者如何提早建立治療共識？

從事到宅牙醫服務十四年，我看到最多的場面，不是嚴重失能者的身體機能衰退，也不是獨居者的落寞，而是「吵架」，即使醫療團隊已經人到現場，家屬們卻仍在為了是否在家洗牙、日後是否要讓長輩配戴口腔假牙裝置等爭論不休。

到宅牙醫服務每個家庭的時間，通常不會超過六十分鐘，然而家屬面對病況與處置方式有疑慮時，我們在臨床現場沒有辦法進行任何診療行為，這會讓家屬好不容易等來的到宅醫療失去意義。

居家醫療的立意，是希望藉由整合社區醫療資源，達到預防性治療的目的，不讓患者陷入急症卻苦無醫療資源的困境。不過，這種保守型治療也需要家屬擁有初步的共識，例如：想要共同維持臥床家人基礎的生活品質和身體機能，再搭配我們的醫療專業，讓患者享有應得的醫療權利。

身為到宅牙醫師，我無法為家屬做最終決定，只能針對現行的狀況給予建議，長照並沒有絕對完美的方式，我只有兩個小小的提醒，希望可以幫助家屬和照顧者思考，在商議照顧模式時也兼顧到家庭的和諧：

1 從被照顧者的心理需求出發：覺察家中長輩是否開始抗拒用餐、進食習慣是否出現異常，像是因咀嚼功能退化導致的食欲不振、咀嚼速度變慢、無法咬斷特定食物、無法吞嚥而產生嗆咳等。通常他們並不會主動說明，而要藉由家屬與主要照顧者的觀察，發現原本喜歡享受美食的長輩突然對用餐興趣缺缺，或者變得異常挑食（很可能只是代表他們挑選咬得動的食物）。長期下來會讓長輩變得鬱鬱寡歡，但照顧者又因為需要確保長輩有攝取足夠的營養，可能會開始「強迫餵食」，更容易引起老年憂鬱的狀況。因此，建議照顧者可提前與長照醫療團隊聯繫，溝通因應的方式。

再者，請家屬盡可能避免日常在被照顧者面前爭執。我在到宅牙醫服務過程中，並不害怕面對家屬們的紛爭，反而能因為雙方表達自己的觀點，理解當下家庭的需求。但許多長輩的認知功能已經漸漸衰退，也許無法完全理解家屬吵架的理由，但可以感受到家裡的氛圍變化。因此盡可能避免在長照議題上，當著被照顧者的面發生衝突，很多長輩可能會因為看到孩子們爭執，提前放棄對於自己健康的重視。而長照最大的挑戰，並非來自家屬之間的缺乏共識，反而是被照顧者打從心底不願意再接受外界的支援與幫助。一旦發生後，家庭之間的照顧壓力會變得越加辛苦（如：長輩知道請看護一事曾讓子女不愉快，所以選擇跟看護鬧脾氣）。

2 不要讓「口腔健康」成為長輩進食的負擔：營養學家曾提出「飽食程度」的建議，即小孩八分飽、爸媽六分飽、爺爺奶奶五分飽。到了八十歲以後，身體的基礎代謝率下降、日常活動和所需熱量都相對減少許多。所以，當長輩出現抗拒用餐或吃不下的情況，先不要勉強他們進食，建議照顧者的思維可以轉換成依照「今日長輩的活動情況如何」，來決定當下餐點的份量，不但可以讓被照顧者更快樂地用餐，也更有利於長期維持他們的營養攝取。

在餐桌前跟長輩好好吃飯、好好溝通說話，我們才有機會真正了解長輩的口腔治療需求，觀察他們在放鬆的狀態下，是否有吞嚥和咀嚼的退化問題。也有機會重新跟家人們討論出共識，讓到宅牙醫團隊能夠更順利地了解長輩的情形，在雙方都認可的情況下，給予爸媽更好的照顧。

進入安寧階段，仍可借助到宅牙醫服務

安寧緩和治療，是重視臨終者身心靈平衡的全人治療。面對患者的身體已經無法克服疾病，我們依舊能借助醫療資源，幫助臨終者維持生活的尊嚴和品質，直到生命盡頭。大家熟悉的安寧緩和治療，可能包含了症狀控制、身體舒適照護、心理諮商、社會關懷、心靈照護、居家環境評估等，實際上，到宅牙醫師也能在安寧緩和治療上發揮很大的功用。提醒已經申請到宅牙醫服務的家庭，若發現家屬已經進入安寧階段，可以提早告知個管師，但不需要終止到宅牙醫服務。

我認為安享臨終的首要目標是「維持患者的生活狀態」，盡可能不要在這個階段有劇烈的變動，而我們能做到的是維持患者記憶中身體的樣貌，除了用藥物降低他的疼痛感以外，整體生活穩定下來，也可以讓臨終者在心境上避免出現落差過大而感到悲傷。

口腔清潔在臨終者照顧上是極為重要的，尤其針對曾經接受化學治療、放射線治療的患者，以及身體虛弱、失去免疫功能、曾經插管、氣切等而需要加強照顧的患者，以下是照護上的幾個建議：

- **預防口腔黏膜損傷：**接受頭頸部放射治療的患者常有唾液分泌不足的問題，多數會有口乾的現象。到宅牙醫師能定期到居家空間預防口腔黏膜的損傷，同時提供照顧者正確的口腔清潔建議。
- **使用軟毛牙刷潔牙：**配戴活動式假牙者要留意，除了飲食期間以外，其他時間都要把假牙卸下；同時避免給予過冷、過熱、過硬等會刺激口腔黏膜的食物。照顧者也可以準備幾個隨身的水壺，幫助患者以漱口的方式濕潤口腔，或是塗抹口腔凝膠避免口乾造成的不適。
- **在牙齦塗上處方藥止痛：**曾經接受過化學治療的患者，口內往往都會反覆出現潰瘍，容易導致患者不配合潔牙。建議照顧者可在每天潔牙前，在患者的牙齦表面塗上處方藥止痛。若患者已經無法接受牙刷的異物感，可改以食鹽水溶液漱口。
- **用茶葉水浸潤嘴唇：**針對口腔肌群無力導致無法自主張口、長期以口呼吸的臨終者，建議使用茶葉水和海綿棒，先輕輕浸潤嘴唇，慢慢進行到口腔清潔。由於患者對於疼痛的忍受程度可能會降低，因此一次的口腔清潔不應追求徹底，而是將頻率提高至每天至少三~四次。每次做好局部清潔，可以維持口腔的健康，必要時也可以搭配超音波噴霧器緩和疼痛。

到宅牙醫團隊可以針對患者的需求給予更多照護建議和必要的緩和療程。若發現臨終者有口腔隱隱不適的徵兆，也可以請求到宅牙醫師到府，另外提供必要的洗牙與塗氟，以維持患者最終應有的人性尊嚴。

如何做好臨終照護的心理準備？

有長照患者的家庭，家人可能會經歷五個階段，也就是美國精神病學家伊麗莎白・庫伯勒—羅絲（Elisabeth Kubler-RossKubler-Ross）提出的「悲傷五階段」（註5）（一）否認、（二）憤怒、（三）討價還價、（四）沮喪、（五）接受。

初期當患者出現輕度的認知功能退化時，多數家人可能會處在「否認」的階段，拒絕接受長輩有可能開始全新的生命階段。而每個人要走過「否認階段」的時序都不一樣，若患者身體機能的衰弱速度過快，很可能會在這個階段錯失黃金期治療。當家屬的「否認階段」縮短，也許就能在這個時期與其他家屬取得照顧的共識。

而「憤怒」是接下來長照家庭會面臨的情緒，這個階段相對來說更為複雜。家屬在聽到長輩出現失智症時，會因為愧疚和自責等心理壓力，對自己感到憤怒。這時候還得一面照顧逐漸失能的爸媽，以及協助處理周遭的生活雜事，手足無措也可能讓他們感到憤怒。但更複雜的狀況是，被照顧者本身尚未完全失去認知能力，他們察覺到家庭氛圍因為自己出現的行為障礙，而發生強烈的變化。患者的憤怒通常會反映在「拒絕配合」上，使得長照更加困難重重。

通常長照家庭選擇與居家醫療團隊聯繫時，已經進入第三階段：「討價還價」。家屬很希望可以扭轉局勢、積極治療，雖然對於到宅牙醫的醫療建議不見得能夠馬上採納，然而已經可以讓我們進行訪視，了解患者實際的口腔需求。

初期長照家庭成員可能缺乏照顧共識，背後可能也是他們個別經歷不同的悲傷五階段，部分家人在討價還價期，部分則陷入第四階段：「沮喪」。沮喪期的無力感更為沉重，比較不會希望被外界打擾，這階段的家人，不見得需要參與全部的照顧討論，反而應該加強對他們情緒和心理狀態的關照，才能讓一個家庭成為一個堅韌的照顧團隊。

直到一個家庭走到「接受」階段，能心平氣和陪著長輩衰老，才會詢問我們，應該如何更好地面對長輩的臨終。而我接觸到的許多長輩，都想在不影響、不打擾孩子的過程下，走到生命的終點。在這個階段，積極醫療已經不是醫療從業人員的首選，但如何平衡地維持基本的生活品質與健康條件，也是相當有難度的事。

我相信「每個人都有絕對的權利，選擇如何面對死亡」，也認為死亡有可能只是一瞬間的事情，但避諱討論臨終的照顧，反而有可能犧牲掉「健康餘命」的年限。建議家屬趁著長輩還能夠自主思考、與我們對話交流時，以溫和的方式了解他

註5：悲傷五階段出自伊麗莎白．庫伯勒—羅絲於一九六九年的《論死亡與臨終》一書，原先用來形容絕症患者的內在情緒活動。

們的需求（如：以復健取代開刀），陪伴他們適應身體機能的衰老。

即將臨終的人可能會出現哪些徵兆？在到宅牙醫服務過程中，我們最常面對的是進食反胃、無法吞嚥與咀嚼的狀況，這屬於生理性抗拒飲食。照顧者可以用濕毛巾或口腔凝膠多擦拭他們的嘴唇、協助每日清潔口腔，讓他們在身體舒適的情況下告別世間。

如果長輩臨終前已經不能流暢地表達自己，子女們也可以多觀察，只要長輩對食物還有所想念、不抗拒飲食，就應該持續給予定期的口腔治療與照護。

畢柳鶯醫師在《斷食善終》一書中提到，臨終前慢慢關閉咀嚼與進食的身體機能，是非常自然的事情。斷食善終的抉擇不是一種放棄，而是在充分溝通後的一份愛的禮物。

直到有一天，長輩明確表示不再願意吃飯，或者對於進食有顯著的生理性排斥反應，可能就到了需要重新調整心情，準備好好告別的時候。請大家記住，斷食善終並不是放棄照顧，即便臥床患者每日清醒的時間越來越短，且幾乎不再進食，依舊要維持每日的口腔清潔。

〔後記〕

沒有人是「照顧」的局外人

二〇二三年是我從醫的第二十個年頭，在默默耕耘十餘年到宅牙醫服務後，很榮幸地獲得了牙醫全聯會醫療奉獻獎銅質獎。收到訊息當下，我跟助理、年輕醫師正在到宅牙醫的路上。我邊開車邊告訴她，多希望能把到宅牙醫沿路的風景記下來，對我來說，每一個家庭故事都是重要的啟發，更是情感的慰藉。

實際參與了長照家庭的口腔照護後，我真正了解到，專業人士關在會議室討論的長照政策與實行辦法，很多時候跟長照家庭所面對的現實困境有很大的落差。即便政府相當努力地改善長照二．〇的資源，各縣市醫療單位也積極配合，仍可能有半數資源沒辦法具體改變家庭現有的難關。到宅牙醫服務讓我更全面了解長照家庭當下的需求，也想藉此機會將臨床筆記分享給大家，也許可以作為台灣長照的備忘錄。

我相當喜歡義大利作家卡爾維諾的作品，一九七九年，他曾經出版一本不到百頁的書《未來千年文學備忘錄》，涵蓋了神話、詩歌、民間故事與經典文學名著閱讀後的心路歷程。還在讀牙醫系的時期，它一直都是我的枕邊書，雖然內容充滿文藝情懷，但卡爾維諾也不斷在作品中強調個人的中心思想：對於脆弱者，你我都不該袖手旁觀。

而長照家庭的弱勢，就在於「不能依循和效法任何照顧經驗」。我們也必須正視目前台灣長照僧多粥少、隔靴搔癢的處境。建議目前和將來從事居家醫療整合照護計畫的從業人員，可以隨時反思以下兩個課題：

1 重視長照家庭的隱形需求

多數長照家庭都經歷過「有苦難言」的無助，其中最困難的是被照顧者無法清楚講述自己的病狀，可能因為已經缺乏病識感，抗拒必要的醫療協助，經常出現小病拖成大病、大病直接放棄的情況。即便政府已經提供喘息服務、台籍和外籍看護申請、住宿式照顧機構等，但在實際臨床現場，找不到能夠配合生活作息的照顧幫手、溝通障礙等問題依舊層出不窮。僱用外籍看護的家屬在害怕失去勞力資源、之後要進行繁複的轉出程序，往後可能還會有照顧空窗期的情況下，長期下來對於外籍看護的照顧方式似乎只能選擇睜隻眼閉隻眼。

身為到宅牙醫師，我也許沒有能力直接改變政府的長照政策，但希望可以藉機拋磚引玉，讓更多人重視「看護人力資源集中在仲介手上、合約不平衡」的問題。十餘年下來，我認識了超過六百個長照家庭，其中經歷過「外看失聯」的比例驚人地占了二分之一，有近三百個家庭。無奈目前對於外籍移工的失聯（逃跑），原僱主不但有主要責任，更可能為了下一個看護需要重新跑申請流程、等待仲介公司提供人選。然而有些老人家根本沒有足夠的身體條件，能等待二到三個月的照顧空窗。

我希望可以傳達家屬們的心聲，讓未來五年、十年，台灣的小家庭不再會因為照顧人力問題而焦頭爛額。我們需要重新檢視人力資源的透明度，甚至應設立更多公辦民營的仲介公司，當人力不符合需求時，能夠更清晰規範仲介公司相對應該負責的事項，以保全為了給予長輩更好的生活品質、不斷投入金錢卻每天活在恐懼下的長照家庭。

同時，我希望政府能重新審視目前的聘僱條款和條件，目前外看申請資格已放寬，不過，針對八十歲以上高齡者，應提供更有彈性的短期照顧聘用制度，解決突發狀況需要二十四小時照護的需求。針對經醫師評估生活自主能力受限的患者，則可適時保有緊急申請的名額，才不至於因為疾病或突發意外，拖垮整個家庭。

2 建立更廣泛的「照顧意識」

長照適用對象並非只限於高齡的長輩，也包括沒有行為能力、重度與極重度身心障礙人士，不分年齡，都應該被社會更廣泛地包容與照護。

台灣社會目前對於長照的意識仍不夠充足，這也反映在媒體報導的大眾交通運輸工具博愛座的使用爭議上。很多人依舊認為，只有長輩、坐輪椅身體不便的患者才需要額外的醫療支援，但在現代生活壓力龐大的情況下，其實有很多因身心疾病而失能的人，更要特別留意「年輕失智症」（或稱為早發型失智症）患者，他們是很容易被長照社會保護網漏接的一群人。

早發型失智症通常是「額顳葉型失智症」，約有四〇～五〇%的遺傳性因素，患者在壯年時期即出現神經系統緩慢退化，初期只會出現記憶力衰退，然而隨著忽略和延誤治療，最終會影響到語言和社交能力。

額顳葉型失智症發病期多在四十～五十歲之間，因為發病年齡不符合多數人既有印象，當他們性格大變、生活習慣異常時，也很難被迅速察覺，讓醫療介入；他們甚至可能活在不被接納的陰霾中。我們在臨床上經常看到，原本作為家庭經濟支柱的人，一年下來突然就沒有辦法講話和吞嚥。我們平時可以更有警覺，當心裡有疑慮時可以使用1966長照專線，讓專業人員判讀患者的行為變化，給予適切的建議。

除此之外，我們還可以效法日本從二〇二一年開始施行的「長照基本知識納入公民教育」。在日本，第一個接觸「長照」議題的機構就是國小校園。日本政府早已預見超高齡化社會的勞動力短缺問題，因此孩子從國小五、六年級，學校教育就會讓他們了解什麼是長照，傳承基本的陪伴和照顧方法，潛移默化讓下個世代的孩子知道，長照並不可怕，而是日常生活的一個環節，與失智症患者交流、陪伴長輩，是理所當然的責任。

我相信台灣正在朝這個目標前進，照顧機構可以小至社區，每個人都成為守望被照顧者的一員，幫助所有長照需求者不再落單，感受到：就算身體有狀況、生活方式有所改變，依舊能活得有尊嚴，感受到生命的愛與美。如果有一天，沒有人是「照顧」的局外人，將能大幅改善現行的長照處境，讓社會更和諧。

〔採訪後記〕

一本關於「失而復得」的書

張佳立（本書採訪撰稿者）

所有照顧者，心裡都有一個「缺口」。

過去電視劇常將病榻前對抗疾病的過程拍得唯美浪漫，然而，當躺在床上的是我們的至親，才知道多數時候，長照並不是與臥床的家人共同奮戰的過程，而是孤獨的漫漫長路。

長照之所以沉重，是因為它時刻提醒我們，我們正在持續性地失去，被剝奪的不僅僅是生活品質、下班後的時間，更是情感的割裂。歷時四年，我陪同范綱信醫師參與了大量的到宅牙醫臨床診療，看到五口之家因為突如其來的意外，一個幸福的家庭從此失去笑容；一對輪流照顧癲癇女兒的高齡父母，最害怕的並非女兒身體的疾病，而是擔心有一天，他們會比孩子提早倒下。

《陪你扛起生命的重量》問世，道出台灣已經實行十四年、卻沒有得到大量關注的到宅牙醫服務。這些服務改善患者的咀嚼功能，播下希望的種子，讓你在每次悵然若失、徬徨無助的照顧路上，想起還有一群熱血、滿載理想的到宅牙醫師，願意為你所愛，穿梭在大小巷弄，比你更不願輕言放棄。

我在二〇二一年加入「AlleyPin翔評互動股份有限公司」，公司協助醫療機構與從業人員透過整合式數位轉型，更系統化地管理與經營自己的院所與病患結構。范綱信醫師原本只是我其中一個專案的合作者，當時我並沒有料到，有一天會因為這幾年的陪同跟診，開啟了對長照的關注，進而影響到宅申請家庭的生活。

范綱信醫師的到宅牙醫診療，是最好的生命教育課，他用行動給予長照家庭力量，讓我們有機會在疾病與生命面前學習謙卑、懂得向外求救。我常從不同角度捕捉范綱信醫師的身影，看他疾如風般地穿梭在巷弄和狹隘的樓道，汗水與辛勞交織為曙光。

回首第一次參與到宅牙醫臨床診療，那天我們要為超過五年不曾看牙的李婆婆洗牙，儘管范醫師上樓前就曾口述患者病歷，但當一行人汗流浹背待在約三坪、充滿雜物的臥室，范醫師半蹲著用超音波機震出表面結石，再以牙周刮刀移除，逐一「釣」出更巨大的牙結石，李婆婆口腔血液噴濺的瞬間，頭一次深入到宅牙醫臨床現場、仍在熟悉病友居家空間的我，突然感到頭暈作嘔。范醫師很敏銳地察覺出異狀，但為了穩定全局，他不動聲色，握著器械的手也相當平穩，只是輕輕翹起食指，示意我離開臥室。

滿頭大汗、暈血、嘔吐，我的第一次到宅牙醫服務跟診，是以相對「不專業」的方式收場。我在客廳等待范綱信醫師團隊結束治療，滿臉愧疚地向他致歉，范醫師很嚴肅、但語氣溫和地說：「你不需要有這麼大的壓力，到宅的每位患者，都是生命真實的狀態。」

長照之路單靠主要照顧者支撐，容易走到窮途末路。這幾年跟隨著范醫師，我認為他不僅是到宅牙醫「先行者」，還是長照概念與生命關懷的「引路人」。他的到宅牙醫臨床案例故事，為台灣留下典範型的居家醫療基礎，更喚起所有年齡層的民眾對長照的重視。疾病並不會排除哪一個年齡層，任何人都可能是躺在床上的那個人，但范醫師會告訴你，沒有任何人會因為行動不便、無法下床出門，就失去就診的權利，也沒有任何一位照顧者，應該要獨自面對生命之重，默默吞忍一切苦澀。

撰寫《陪你扛起生命的重量》是艱難的，正因為我也體認過與祖輩之間因疾病阻擋而潰散的親情，責怪自己為什麼這麼晚才知道「長照的意義」，以為事不關己、以為年紀輕不用承擔，但其實長照無時無刻都在發生，它可以是多問候長輩、多照看獨居的鄰居，更應該是預防醫學，從小細節覺察到潛在疾病。

這是一本「失而復得」的書，適合所有年齡層的讀者，它可以是你認識長照的第一本書，也可以是一本心靈叢書，它透露了在失去與失落面前，我們也終將重拾力量。完書後看著每日都在老去的摯愛和家人，也許有天將會失去健康，卻不會失去迎向不同生命狀態的勇氣。

〔附錄〕

到宅牙醫申請管道和居家醫療服務內容

如何申請到宅牙醫？

・查詢衛生福利部中央健康保險署—居家醫療照護服務：

依照現行台灣法規規範，到宅牙醫有區域性的限制，醫師僅能在營業登記執照的縣市進行臨床服務。請先上網查詢居家附近的到宅牙醫醫事機構和醫師名單，並與醫事機構進行電話諮詢，以便確認申請流程和訪視的時間。

網址為：https://info.nhi.gov.tw/INAE1000/INAE1030S01

或掃描QR Code

•聯繫「牙醫師公會全國聯合會」（以下簡稱全聯會）：

全聯會是分享口腔健康公共事務、提出重要口腔醫學政策的平台，能更快速彙整民眾需求，給予相對應適合的醫事機構和醫師人選建議，包含：特殊醫療院所查詢及線上諮詢、到宅牙醫服務申請諮詢，都可以透過全聯會的幫助，更有效率地找到居家牙醫師。

網址為：https://www.cda.org.tw/index.html

或掃描QR Code

居家醫療服務的科別和內容有哪些？

隨著長照相關的醫療衛教資訊越來越普及，許多家庭中的主要照顧者對於行動不便、失能長輩的身體狀況更有警覺和意識，但對於居家醫療服務有哪些科別，以及申請特定科別的居家醫療能夠獲得哪些服務，卻不是很了解，特別說明如下：

一般居家照護

包含一般西醫門診診療服務，一般居家照護醫師能在診療後，直接開立藥品處方箋，家屬能與醫師溝通被照顧者的狀況，請醫師給予足夠用量藥品處方箋，同時，醫師也會透過健保雲端系統瀏覽患者近期的用藥資訊，確保藥品使用的安全性。

居家中醫醫療

提供居家針灸、傷科指導和中醫用藥建議，中醫師能在患者住家空間提供客製化的治療計畫（包含傷科復健療程）。

居家／社區安寧療護

涵蓋護理師一般照護、特殊需求照護、臨終照護等，照護團隊會根據患者的狀況，提供更符合住家空間的自我照護指導，提升患者安寧療護的品質。

居家呼吸照護

提供呼吸器使用衛教指導，給予主要照顧者具體的照護建議。

・居家藥事照護

在訪視階段，專業藥師將全面了解患者的用藥情況。經醫師開立處方箋，居家藥師可於特約醫療院所提供調劑和領藥服務。

建議符合居家醫療照護的獨居長輩，多加使用這項長照服務，居家藥師也能針對藥物保存提供更詳細的建議。

醫藥新知 0032

陪你扛起生命的重量

到宅牙醫先行者范綱信醫師守護長照家庭的暖心紀實

作　　者　范綱信
採訪撰稿　張佳立
封面設計　比比司設計工作室
內頁設計　比比司設計工作室
主　　編　錢滿姿
特約行銷　許文薰
總 編 輯　林淑雯

出 版 者　方舟文化／遠足文化事業股份有限公司
發　　行　遠足文化事業股份有限公司（讀書共和國出版集團）
231 新北市新店區民權路 108-2 號 9 樓
電話：（02）2218-1417　傳真：（02）8667-1851
劃撥帳號：19504465　戶名：遠足文化事業股份有限公司
客服專線：0800-221-029　E-MAIL：service@bookrep.com.tw
網　　站　www.bookrep.com.tw
印　　製　呈靖彩藝有限公司　電話：（02）2221-3532
法律顧問　華洋法律事務所　蘇文生律師
定　　價　420 元
初版一刷　2025 年 5 月

方舟文化
官方網站

方舟文化
讀者回函

國家圖書館出版品預行編目（CIP）資料

陪你扛起生命的重量：到宅牙醫先行者范綱信醫師守護長照家庭的暖心紀實／范綱信著；張佳立採訪撰稿. -- 初版. -- 新北市：方舟文化，遠足文化事業股份有限公司，2025.05
280 面；14.8× 21 公分 . –（醫藥新知；32）
ISBN 978-626-7596-75-3（平裝）
1.CST：居家照護服務 2.CST：醫療服務 3.CST：長期照護 4.CST：牙科
429.5　　　　114002556